任性出版

U0012170

超實用
速算技巧

開會、比價、聊投資、盤算事情，你反應最快！
190 萬粉絲破億次觀看她解數學！
不用計算機照樣心裡有數。

曾任職美國 NASA、波音公司，
TikTok 數學頻道「Pink Pencil Math」創辦人
譚雅‧扎克維奇（Tanya Zakowich）◎著
曾秀鈴 ◎譯

獻給阿明（Ming）、保羅（Paul）、菲奧娜（Fiona）
和阿曼達（Amanda），

感謝你們給我的愛和支持。

目錄

$$1 + 3 + 5 + 7 + 9 = 5^2 = 25$$

第1章　不用背的九九乘法表　29

2的乘法表，列表 ／ 3的井字遊戲 ／ 用磚塊算4 ／ 5和0的翹翹板 ／ 雙重井字遊戲，6的乘法表 ／ 7的井字遊戲 ／ 過河遊戲，8的乘法 ／ 有起必有落 ／ 99和999三明治 ／ 用另一個方法計算9的乘法 ／ 數手指，算9 ／ 6乘到10，雙手就能算 ／ 11乘法表，成雙成對

第2章　超實用速算技巧　67

一秒算出奇數相加 ／ 偶數相加，也能秒算 ／ 大數字減法 ／ 用加法算減法！

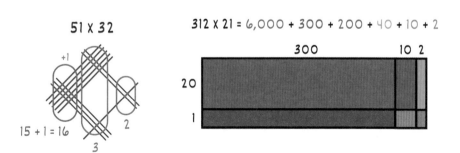

$$312 \times 21 = 6\_52$$

$2 \times 2 = 4$

$1 \times 1 = 1$

$4 + 1 = 5$

$$312 \times 21 = 6552$$

$1 \times 2 = 2$

$3 \times 1 = 3$

$3 + 2 = 5$

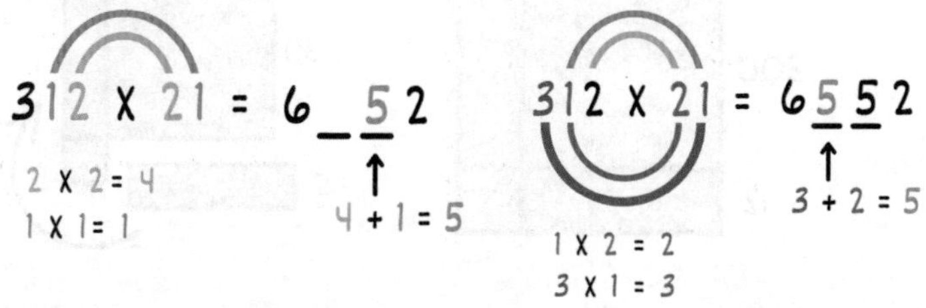

$$312^2 = 90000 + 3600 + 3600 + 144 = 97344$$

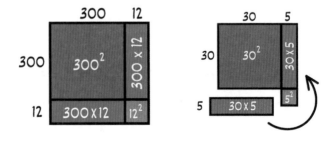

國外盛讚

「這本書是份禮物──如果你想愛上數學並理解數學原理，必讀本書。」

──裘・波勒（Jo Boaler），
暢銷書《大腦解鎖》（*Limitless Mind*）作者

「作者分享了出色的心算技巧，能幫助你在腦海中進行各種計算，並解釋這些技巧為何有效，讓你了解自己在做什麼，以及為什麼這麼做！」

──羅伯・科茲恩斯（Rob Cozzens），
Math Antics 網站創辦人

「作者教導數學毫不費力且充滿熱情。如果你也對數學很頭痛，快看這本書！」

──普雷許・塔爾瓦卡（Presh Talwalkar），
Mild Your Decisions 網站創辦人

推薦序一

數學不好？
你只是沒找到對的方法

「趣學數學 HFIMath」版主／Joey

身為一個數學迷因（按：指網路上的搞笑圖片、影片、文字等，其內容常含有幽默或嘲諷的意味）粉專版主，我設立粉專時只是想分享與數學相關的有趣東西，畢竟我認識的人當中，能理解數學笑點的人並不多。

其實，我本身不單純是個數學愛好者，還從事數學教育工作。走在數學教育的路上，常有沮喪的時刻。我遇過許多早早就放棄數學的學生，而我早期的教學方式，往往會被大部分這樣的學生打槍，這讓我開始反思我對數學的認識有哪些盲點。

以前，我對數學其實不求甚解。當我無法理解原理時，度過難關的方式就是「摸清遊戲規則」：搞懂過關

條件，並努力達成它。例如直式除法怎麼對齊再除、某種題型怎麼用固定解法來算。只要這個模式運用得順利就好，我不會想再深入探究、理解，畢竟能掌握分數最重要。

但是，這在教學上會造成很大的困擾。因為很多學生沒辦法靠記住規則來解題，需要額外的幫助。適合我的方法，基本上不適合我的學生。

求學過程中，我們學數學的管道其實很狹窄，在學校學不會，頂多從補救教學、補習班或家教（而這也要家裡經濟允許）再多學一、兩種方法，能接觸到的解題方法並不多。一旦經過這些管道還學不好時，容易認定「我數學就是不好」，很快便放棄繼續嘗試。

本書值得一看的原因，就在於作者把看似單純的計算題，以全新規律、圖解、各種不同的算式拆解，告訴我們：計算不是只能靠算式。讓不同解題風格的人，都能找到適合自己的方法，建立數感、提升計算能力，以及打造成就感。

不僅如此，她同時也利用一些有趣的「炫技」，刺激讀者的好奇心、引發學習動力，並像魔術師在表演後公開自己的手法一般，在文末公布其背後的原理，讓熱情已被點燃的讀者可以一探究竟。

本書的出現，很重要的原因是作者在學時不理解數學的原理，而遇到必須重修的挫折。我們可以從書中的文字看出，她很努力體貼讀者不同的學習樣貌，以淺顯易懂的語句和詳細說明來講解每個運算法則。

我從教學中明白學習方法的多樣性，也知道找到適合自己的方法多少含有些運氣成分。以我為例，我的基本運算並不熟練，但靠著自己摸索出的手段，例如把 8×7 替換成 $8 \times 6 + 8$（因為 7 的乘法背不熟）、把 +8 替換成 +10 再 -2 等，我不但誤打誤撞熟悉了四則運算的各種律法，甚至能應用到方程式的各種拆解重組。

若學生在學習受挫時，能跟我一樣找到適合自己的方法突破瓶頸，而非寫著不知所云的海量測驗卷，最終掉進無法理解、進而厭惡的惡性循環，這樣學數學不是

很美好嗎？

　　本書雖然看似針對學生而作，但對於許多早已放棄數學的大人，或許也是種救贖。你以為自己沒有**數學**的才能，但或許你只是沒早點遇見適合你的方法！

推薦序二
從速算技巧，
學解決問題的創造性思維

《經濟日報》數位行銷專欄作家／鄭緯筌

　　在這個效率至上的時代，許多人追求的是按計算機、快速得到答案就好。但其實每一則運算的背後，都藏著許多有趣的生活智慧。

　　當我讀到這本《超實用速算技巧》時，心中不免有些疑惑：在當今人工智慧（Artificial Intelligence，縮寫為 AI）風起雲湧的時代，人人都擁有智慧型手機和電腦，速算技巧是否還有其價值和意義？但翻閱每一頁，我不僅見識到作者分享速算的技巧，其中更融入了她自己的數學哲學和對生活的洞察。

　　頓時，我豁然開朗：這不僅是一本教授數學技巧的書，更是一本引導我們重新認識數學美感與生活智慧的

寶典。

作者以自身的學習經歷為出發點，從原本對數學感到絕望的學生，到成為在 NASA、波音公司及超級高鐵公司 Hyperloop One 等世界級機構，擔任機械工程師的專業人士。這樣的轉變，背後是無數次挑戰與自我超越。這本書，不僅記錄了作者對數學的深刻理解和熱愛，更是一份關於成長、在逆境中找到突破路徑的見證。

打開這本書，你會發現作者不只是講述速算技巧，更重要的是她教導我們一種邏輯思考的方式——在面對問題時，可以從多個角度思考，尋找最適合自己的解決方案。這種跨領域的能力，在現代社會中非常寶貴。透過這本書，我們不僅能學到實用的數學技巧，更能學會如何用創造性思維，解決生活中遇到的各種問題。

整體而言，《超實用速算技巧》不單純是一本教你如何速算的書，它更像是一把開啟智慧之門的鑰匙。它告訴我們，在數字背後，隱藏的不僅是數學奧祕，還有許多生活智慧，可以幫助我們理解這個複雜的世界。

　　我衷心推薦這本書給所有對數學、對生活充滿好奇和熱愛的朋友們，讓我們一起在數字遊戲中探尋生活智慧，同時也享受創造的樂趣。

前言

最快、最創新的解題方法

　　12 歲時，我必須重修 1 年數學。老師認為我還沒準備好進入下個階段。

　　為什麼不能用 0 去除一個數字？為什麼計算順序是那樣？數學有其規則，但我完全搞不懂。對我而言，數學的原理和步驟毫無規律；漫長的講課、教科書上的解釋和重複的練習，對我更是毫無幫助。

　　因此，我遭遇了學生的終極惡夢：重修數學 1 年。不過事實證明，這對我來說反而是件好事。新的老師為我帶來了新的視野，我發現數學並非只有單一解法。

　　每個人的穿著風格都不相同，解題方法不一樣當然也很正常。有些人喜歡拆解問題，分成許多小步驟；有些人則習慣先處理大方向，或進行整體評估；也有些人喜歡倒推答案、猜題後驗算，或是畫圖示意。

　　那一年，我發展出最適合自己的風格：雙重解題

法。我會用兩種不同方法解決同一個問題，雖然會花更多時間，卻能讓我發揮更多創意、更有自信，知道自己算出正確的答案。後來，在我讀大學的期間，以及在美國國家航空暨太空總署（National Aeronautics and Space Administration，縮寫為 NASA）、波音公司（The Boeing Company）和超級高鐵公司 Hyperloop One 擔任機械工程師的職業生涯中，我始終堅持這個方法。

這些年來，我嘗試了各種解題技巧，並創建 TikTok 頻道「Pink Pencil Math」，分享我最喜歡的訣竅和技巧。令我驚訝的是，許多人跟我有相同的經驗。世界各地有數百萬人觀看影片，學習解決數學問題的各種方法和觀點。最棒的是，在這過程中我能夠不斷學習處理數字的新方法，在此特別感謝所有觀眾的評論和留言！

在本書中，我將分享我最喜歡的 50 個數學技巧，但我們不會就此止步。我們將深入探討每個技巧，揭露其背後的原因，並探索如何將這些技巧應用到日常生活中。忘記你過去對數學的認知吧！**數學不是一套嚴格的**

規則，而是一種創造性的動態遊戲，可以從各種角度切入。找一張舒適的椅子，拿起你最喜歡的飲料，一起釋放內心的數學家吧！

數學技巧，就像變魔術

　　將生活中遇到的數學問題，視為一種解謎的過程。以問題開始，以答案結束，至於如何解題則由你決定。當然，你可能已經學會了某些解方，但誰說這是唯一的解答呢？解決數學問題有很多路徑——有些很長，有些很短，有些甚至快到像在變魔術。

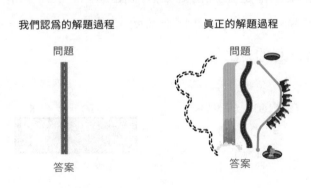

本書主題，是**尋找最快、最創新的數學解題方法**。就像橡皮筋一樣延伸創造力，讓你能在腦中解決最具挑戰性的問題！對某些人來說，這可能像魔術，然而，你只是用他們不知道的方式在拆解數字而已。

看看 5×18 這道乘法題，你能在腦中算出答案嗎？將兩個數字相乘時，我習慣在腦中將數字化為長方形的兩邊。當你將長乘以寬時，就得到了長方形的「面積」，也就是一開始的乘法答案。

如果你常被數學問題打敗，試著在腦海中想像這些數字的關係。這個方法很有幫助！

那麼，你是如何在腦中計算出 5×18？以下是 6 種可能的解法。你用的是其中某個方法嗎？或者，你用了完全不一樣的方法？

$(2 \times 18) + (2 \times 18) + (1 \times 18)$

$36 + 36 + 18$

90

$(5 \times 9) + (5 \times 9)$

$45 + 45$

90

(10×9)

90

$(5 \times 20) - (5 \times 2)$

$100 - 10$

90

$(5 \times 15) + (5 \times 3)$

$75 + 15$

90

　　拆解數字後，在腦海裡計算 5×18 就容易多了，對吧？找出最適合自己的方式，得到「答案就是這個！」的瞬間，才是真正的挑戰。不用擔心，本書會幫助你發揮創造力，讓數學變得更簡單。在接下來的例子中，請試著思考為何這個算式會有這個結果！

　　現在，請你脫掉鞋子，並看看鞋子的尺寸。

　　在鞋碼後面加上兩個 0。

　　接著，減去你的出生年分（以我為例，我減掉的數字是 1992）。

$$800$$

$$800 - 1992$$

　　再加上現在的年分。最後，你得到的數字最後兩位數，就是你現在的年齡（或是你今年生日後的年齡）。

$$800 - 1992 + 2024 = 832$$

↑

32 歲

　　為什麼可以從鞋碼算出年齡？其實，現在的年分減去出生的年分，本來就會算出你的年齡。在這個簡單的計算中，加上鞋碼只是一種分散注意力的方式。

　　當你在鞋碼加上兩個 0 時，就將鞋碼變成百位數或千位數，而你生日年分的個位數和十位數仍保持不變，你的答案（年齡）前面就會出現你的鞋碼。

$$600 - 1992 + 2024 = 632$$
$$800 - 1992 + 2024 = 832$$
$$1100 - 1992 + 2024 = 1132$$

　　那麼，我們該如何訓練心智，找到最簡單的解題路徑呢？簡單來說，就是發揮使用數感的創造力！我們都有五種感官——視覺、嗅覺、味覺、觸覺和聽覺——但你可能不知道的是，**我們天生還有個第六感：數常識**（number sense，或稱數字感、數感）。

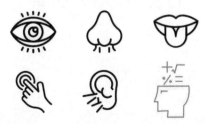

這種特殊的能力，能幫助我們估計數量、理解圖像排列並進行比較。讓我告訴你這是如何運作的。請快速看一眼右邊的黑點。你看到了幾個點？

我敢打賭你不用仔細看，也不用一個一個算，就知道頁面上有 3 個點，對嗎？那麼，右邊總共有幾個點呢？

我們憑直覺就能知道左邊有 2 個點，右邊有 4 個點，總共有 6 個點。這就是不知不覺中使用數常識的例子！我們的大腦很神奇，能快速處理和理解數字，並且在潛意識中準確的認出圖案。而且，數常識也有助於我們評估數字的意義。

例如，你認為 100 萬秒有多長？

100 萬秒大約是 12 天！那麼，10 億秒呢？

10 億秒就是 32 年，很驚人吧！

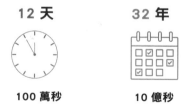

　　如果你認為的 10 億秒，比 32 年更短，別擔心，我們大多數人都這樣認為。10 億是 100 萬的 1,000 倍，但我們的大腦在沒有鍛鍊數常識的情況下，很難將這種差異視覺化。

　　看看以下這兩堆米，每粒米代表 10 萬。左邊的一堆米是 100 萬，右邊的一堆米是 10 億！你相信右邊那堆米多出那麼多嗎？

100 萬

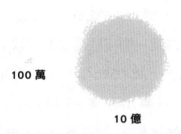

10 億

　　當你透過本書訓練數常識之後，就會更擅長估計數量、拆解數字，並發現解決困難數學題的最短路徑。本書提供理解數學的全新方法，會是趟有趣的旅程。你準備好發揮創意，一起解開數學的祕密嗎？

神奇的0、1、2、10和100

你準備好學習隱藏在數學魔術背後的技巧了嗎？祕訣其實就是——將困難的數字，拆解成能輕鬆計算的小數字。就這麼簡單！後面我會慢慢解釋，但首先我們先想想，是什麼讓數字變得困難呢？

當我們想到一個困難的數字時，多數人腦中浮現的是很大的數字，例如 9,395,872。大數字可能很困難，但並不是越大越難，數字的類型及呈現方式才是讓人頭痛的地方。例如，20×300 乍看之下可能很難算，但它比 12×23 更容易算出答案。因為 20 是 2×10，300 是 3×100，只要快速相乘 2×3 得到 6，再乘以 1,000 就能得到答案 6,000。

因此，在這裡就不得不先談談神奇數字。

0　1　2　10　100

這些數字將成為你最好的朋友，因為它們是大腦能

處理的最簡單數字，即使是最可怕的運算，也像是在公園散步一樣輕鬆。

為什麼是這些數字？

將任意值乘以 2 都很簡單，因為數字加倍對大腦來說很輕鬆，即使很大的數字也是如此！算算看 34×2 和 132×2，你一定很輕鬆就能算出答案是 68 和 264 ！

將任意數字乘以 10 也很容易──只需將小數點往右移一格（7×10=70）。除以 10 的話，則是將小數點往左移一格（7÷10=0.7）。乘以 100 或除以 100，只需將小數點向右或向左移兩格。以此類推，乘以或除以 1,000 的話？小數點向左或向右移三格。就是這麼簡單！

7 x 10 → 7.0 → 70	7 ÷ 10 → 7.0 → 0.7
7 x 100 → 7.0 → 700	7 ÷ 100 → 7.0 → 0.07
7 x 1000 → 7.0 → 7000	7 ÷ 1000 → 7.0 → 0.007

如果問題中，沒有這些神奇數字該怎麼辦？你可以將任何數字拆解為一個或多個神奇數字。此外，有

很多 0 的數字，例如 20、30、40、500、600、7,000 和 80,000，也都是很好計算的數字。

以 12×23 為例。簡單解題的方法是將 12 拆解為 10+2，並將它們乘以 23。除此之外，還有很多方法！

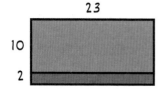

還記得前面提到兩個數字相乘時，可以想像成將長方形的兩邊相乘求面積嗎？12×23 也可以用這個方法！

找出「神奇數字」來計算，你將很快就能掌握心算的方法，並在幾秒鐘內解決困難的題目。只要練習拆解數字，不用計算機也能快速完成計算！

第 1 章

不用背的九九乘法表

　　歡迎踏上精彩旅程的第一步，掌握心算技巧，從基礎的 2 ～ 10 乘法表開始。

　　掌握了乘法表後，你就能利用它們心算出更大的數字，例如 13×17。你能立即說出 13×17 的答案，且不需要記住 13 或 17 的乘法表。

　　如果你厭倦背乘法表，一定會喜歡這個單元。我們會將數字重新排列，打破你對乘法的既定印象。開始吧！

×	1	2	3	4	5	6	7	8	9	10
1	1	2	3	4	5	6	7	8	9	10
2	2	4	6	8	10	12	14	16	18	20
3	3	6	9	12	15	18	21	24	27	30
4	4	8	12	16	20	24	28	32	36	40
5	5	10	15	20	25	30	35	40	45	50
6	6	12	18	24	30	36	42	48	54	60
7	7	14	21	28	35	42	49	56	63	70
8	8	16	24	32	40	48	56	64	72	80
9	9	18	27	36	45	54	63	72	81	90
10	10	20	30	40	50	60	70	80	90	100

1

2的乘法表，列表

你一定很熟悉 2 的乘法表，但用表格列出來過嗎？

● ● ● ● ● ● ● ● ●

神奇的步驟

① 繪製一個兩列五行的表格。

② 在每一行的個位數，分別寫
下 0、2、4、6、8。

0	2	4	6	8
0	2	4	6	8

③ 在第一列的十位數加上 0。

00	02	04	06	08
0	2	4	6	8

④ 0 之後的數字是什麼？是 1！
在第二列的十位數寫下 1。

00	02	04	06	08
10	12	14	16	18

31

⑤ 從 2×0 到 2×9，2 的乘法
　 表完成了！

2X0	2X1	2X2	2X3	2X4
00	02	04	06	08
10	12	14	16	18

2X5　2X6　2X7　2X8　2X9

進階思考

　　想要完成 2×9 以上的乘法嗎？只需遵循這個簡單
的模式：在個位數寫上 0、2、4、6、8；每往下一列，
十位數加 1。

　　下列表格中，你會在接下來的幾列填上什麼數字？

00	02	04	06	08
10	12	14	16	18

2

3 的井字遊戲

　　2 的乘法表只是暖身，3 的乘法表才是真正的開始！

　　你還記得井字遊戲嗎？以下是利用井字遊戲製作 3 的乘法表（從 3×1 到 3×9）的方法。

● ● ● ● ● ● ● ● ● ●

神奇的步驟

① 先畫一個井字。

② 從左下的格子開始，從左到右、從下到上，寫入 1 ～ 9。這些數字是 3 的乘法表中的個位數。

③ 接下來，在第一列的十位數加上 0。

④ 0 後面的數字是什麼？當然是 1！在
第二列的十位數寫上 1。

03	06	09
12	15	18
1	4	7

⑤ 1 後面的數字是 2。在下一列的十位
數寫上 2。

03	06	09
12	15	18
21	24	27

⑥ 從 3×1 到 3×9，3 的乘法表完成了！

3x1	3x2	3x3
03	06	09
3x4	3x5	3x6
12	15	18
3x7	3x8	3x9
21	24	27

進階思考

讓我們暫時拋開數學，玩個遊戲！
這是我最愛的井字遊戲邏輯解題。在
鍛鍊大腦的同時，也能喘息一下。

在井字遊戲中畫 6 個 X，但不會
有 3 個 X 連成一行。試試看，解答在書的最後！

3

用磚塊算 4

你曾仔細觀察過磚牆嗎？磚塊不像一個個向上堆疊的積木，而是以交錯模式排列。

這種排列方式會讓牆壁更加堅固，而且比較不容易裂開。我們將利用這個砌磚模式，熟記 4 的乘法表。

● ● ● ● ● ● ● ● ● ●

神奇的步驟

① 利用上述的砌磚模式，畫出前兩排磚頭。第一排放三塊磚，第二排放兩塊磚。

② 由左至右、上下交錯，在個位數的地方寫下 0、2、4、6、8。

③ 在下方加上兩排磚塊。

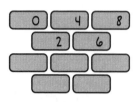

④ 再次寫下 0、2、4、6、8，同步驟②。

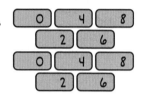

⑤ 個位數字就位後，就可以填寫十位
　數字了！填寫的數字比數字所屬的
　列數少 1：在第一列寫下 0，第二
　列寫下 1，第三列寫下 2，第四列
　寫下 3。

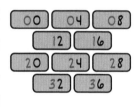

⑥ 從 4×0 到 4×9，4 的乘法表完成。
　太棒了！

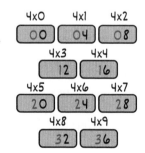

進階思考

可以繼續用這個砌磚模式，計算 4×10 以上的答案嗎？當然可以！只要再加上兩排磚塊，以同樣方式填入數字。

以下是 4×0 到 4×14 的圖表，繼續向下發展，就能得到 4×15 以上的結果！

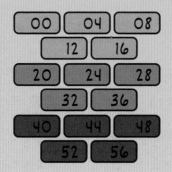

4

5和0的翹翹板

5的乘法表有個規則可循,我稱之為「5和0的蹺蹺板」,因為個位數不是5就是0!

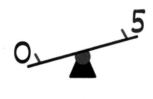

● ● ● ● ● ● ● ● ● ●

神奇的步驟

① 從 5×0 到 5×13,在個位數交替寫下 0 和 5。

0 x 5 =	O		7 x 5 =	5
1 x 5 =	5		8 x 5 =	O
2 x 5 =	O		9 x 5 =	5
3 x 5 =	5		10 x 5 =	O
4 x 5 =	O		11 x 5 =	5
5 x 5 =	5		12 x 5 =	O
6 x 5 =	O		13 x 5 =	5

② 在十位數寫下兩次 0 到 6（0、0、1、1、2、2……5、5、
6、6）。從 5×0 到 5×13，5 的乘法表完成了。你可
以不斷重複此模式，獲得 5×14 以上的結果。

$$0 \times 5 = 00 \qquad 7 \times 5 = 35$$
$$1 \times 5 = 05 \qquad 8 \times 5 = 40$$
$$2 \times 5 = 10 \qquad 9 \times 5 = 45$$
$$3 \times 5 = 15 \qquad 10 \times 5 = 50$$
$$4 \times 5 = 20 \qquad 11 \times 5 = 55$$
$$5 \times 5 = 25 \qquad 12 \times 5 = 60$$
$$6 \times 5 = 30 \qquad 13 \times 5 = 65$$

5

雙重井字遊戲，6的乘法表

準備好挑戰進階的井字遊戲了嗎？這次我們會使用兩個表格，建立 6×1 到 6×10，6 的乘法表！

神奇的步驟

① 並排繪製兩個井字遊戲表格。

② 在兩個表格的第一行最下方寫一個 0。接著，從左下格子開始，從左到右、從下到上，依序寫下 1 到 9，這是個位數字。

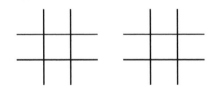

③ 十位數呢？規則是：每列的數字一樣，每往下一列增
　　加 1。從左邊的井字開始，第一列寫下 0，第二列寫
　　下 1，第三列寫下 2，最下方 0 的地方寫下 3。

03	06	09
12	15	18
21	24	27
30		

3	6	9
2	5	8
1	4	7
0		

④ 右邊井字的十位數，第一列填入 3，逐行向下填到 6。

03	06	09
12	15	18
21	24	27
30		

33	36	39
42	45	48
51	54	57
60		

⑤ 現在，有趣的部分來了！在每個表格上，畫出斜戴棒
球帽的圖案，線條會畫在五個數字上。

03	06	09
12	15	18
21	24	27
30		

33	36	39
42	45	48
51	54	57
60		

⑥ 6 的乘法表就是棒球帽線上的每個數字。從左邊的井
字開始，由上到下閱讀結果！

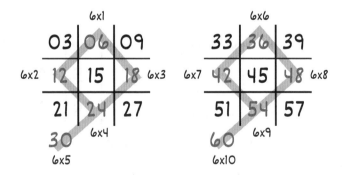

6

7 的井字遊戲

　　前面已經利用井字遊戲表格，製作了 3 和 6 的乘法表，這是井字遊戲最後一次派上用場。我保證，這比使用兩個表格製作 6 的乘法表更容易！

• • • • • • • • •

神奇的步驟

① 繪製一個井字遊戲表格。

② 從右上角到左下角，依序寫下 1 到
　9，這是個位數字。

③ 在第一列的十位數，分別寫下
　 0、1、2。

07	14	21
8	5	2
9	6	3

④ 第二列的十位數，從 2 開始依
　 序增加。

07	14	21
28	35	42
9	6	3

⑤ 最後，第三列的十位數從 4 開
　 始，依序增加。

07	14	21
28	35	42
49	56	63

⑥ 從 7×1 到 7×9，7 的乘法表
　 完成了！閱讀順序是每一列
　 從左到右。

7x1 07	7x2 14	7x3 21
7x4 28	7x5 35	7x6 42
7x7 49	7x8 56	7x9 63

進階思考　

說到數字 7，我有件有趣的事情想跟你分享！

當一個數字除以 7（不整除）時，結果總是會出現一列重複的小數。最有趣的是，有個隱藏的模式存在於這串小數中！仔細觀察的話，你會發現 142857 這個序列。所有除以 7 的真分數，都會不斷重複這個序列，但順序不同！

$$142857$$

$$\frac{1}{7} = 0.1428571428...$$ $$\frac{4}{7} = 0.5714285714...$$

$$\frac{2}{7} = 0.2857142857...$$ $$\frac{5}{7} = 0.7142857142...$$

$$\frac{3}{7} = 0.4285714285...$$ $$\frac{6}{7} = 0.8571428571...$$

7

過河遊戲，8的乘法

8的乘法表很難記嗎？利用這個簡單的方法，你很快就能熟悉8的乘法表。只要記住——從中間過河！

● ● ● ● ● ● ● ● ●

神奇的步驟

① 先寫下8的乘法表。接著，在 5×8 和 6×8 之間畫一條線，想像成這是待會要渡的河。

$$1 \times 8 =$$
$$2 \times 8 =$$
$$3 \times 8 =$$
$$4 \times 8 =$$
$$5 \times 8 =$$

〜〜〜〜〜〜〜〜〜〜

$$6 \times 8 =$$
$$7 \times 8 =$$
$$8 \times 8 =$$
$$9 \times 8 =$$
$$10 \times 8 =$$

② 先從十位數開始。從上到下寫下 0 到 4，直到河邊。

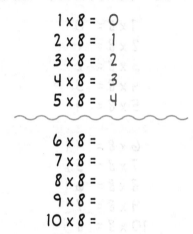

1 x 8 = 0
2 x 8 = 1
3 x 8 = 2
4 x 8 = 3
5 x 8 = 4

6 x 8 =
7 x 8 =
8 x 8 =
9 x 8 =
10 x 8 =

③ 過河，繼續寫下 4 到 8。

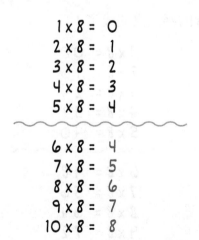

1 x 8 = 0
2 x 8 = 1
3 x 8 = 2
4 x 8 = 3
5 x 8 = 4

6 x 8 = 4
7 x 8 = 5
8 x 8 = 6
9 x 8 = 7
10 x 8 = 8

④ 從下往上到河邊，在個位數填入 0、2、4、6、8。

$$1 \times 8 = 0$$
$$2 \times 8 = 1$$
$$3 \times 8 = 2$$
$$4 \times 8 = 3$$
$$5 \times 8 = 4$$

~~~~~~~~~~~~~~~~~~~~~~~~~~~~~

$$6 \times 8 = 48$$
$$7 \times 8 = 56$$
$$8 \times 8 = 64$$
$$9 \times 8 = 72$$
$$10 \times 8 = 80$$

⑤ 過河後，從下往上填入 0、2、4、6、8。從 8×1 到

8×10，8 的乘法表完成了！

$$1 \times 8 = 08$$
$$2 \times 8 = 16$$
$$3 \times 8 = 24$$
$$4 \times 8 = 32$$
$$5 \times 8 = 40$$

~~~~~~~~~~~~~~~~~~~~~~~~~~~~~

$$6 \times 8 = 48$$
$$7 \times 8 = 56$$
$$8 \times 8 = 64$$
$$9 \times 8 = 72$$
$$10 \times 8 = 80$$

8

有起必有落

提到 9 的乘法表時，有句話常縈繞在我心頭。你一定聽過：「有起必有落。」這是個常見的諺語，意思是沒有什麼會永遠上升，一切最終都會回到原本狀態。

例如，當你聽到一首琅琅上口的歌曲時，你可能會不停的唱、唱到背得出歌詞；但是，過了幾年後你已經忘記了：「那是什麼歌啊？」

就像你把一顆球丟到空中，它會先向上，然後掉落到地上。

從 9×1 開始到 9×10，9 的乘法表我們將來回反向操作。有時候，向下的一定會往上！

1 x 9 =	
2 x 9 =	
3 x 9 =	
4 x 9 =	
5 x 9 =	
6 x 9 =	
7 x 9 =	
8 x 9 =	
9 x 9 =	
10 x 9 =	

● ● ● ● ● ● ● ● ● ●

神奇的步驟

① 準備好數數了嗎？從上面開始，一路寫下 0 到 9。

1 x 9 =	0	
2 x 9 =	1	
3 x 9 =	2	
4 x 9 =	3	
5 x 9 =	4	
6 x 9 =	5	
7 x 9 =	6	
8 x 9 =	7	
9 x 9 =	8	
10 x 9 =	9	

② 繼續數數吧！再寫一次 0 到
9，這次是由下往上。9 的乘
法表完成了！

$$1 \times 9 = 09$$
$$2 \times 9 = 18$$
$$3 \times 9 = 27$$
$$4 \times 9 = 36$$
$$5 \times 9 = 45$$
$$6 \times 9 = 54$$
$$7 \times 9 = 63$$
$$8 \times 9 = 72$$
$$9 \times 9 = 81$$
$$10 \times 9 = 90$$

進階思考

除以 9 的真分數會出現以下這個模式，結果都是分
子不斷重複的小數！你發現了嗎？

$$\frac{1}{9} = 0.111111111111111...$$ $$\frac{5}{9} = 0.555555555...$$

$$\frac{2}{9} = 0.222222222...$$ $$\frac{6}{9} = 0.666666666...$$

$$\frac{3}{9} = 0.333333333...$$ $$\frac{7}{9} = 0.77777777777...$$

$$\frac{4}{9} = 0.444444444...$$ $$\frac{8}{9} = 0.88888888888...$$

9

99 和 999 三明治

一旦理解了 9 的乘法表，你就可以掌握 99 和 999 乘法表。祕訣很簡單——利用 9 乘法表的相同模式，但在中間夾 1 個或 2 個 9。試試看列出 99 乘法表吧！

$1 \times 99 =$
$2 \times 99 =$
$3 \times 99 =$
$4 \times 99 =$
$5 \times 99 =$
$6 \times 99 =$
$7 \times 99 =$
$8 \times 99 =$
$9 \times 99 =$
$10 \times 99 =$

● ● ● ● ● ● ● ● ●

神奇的步驟

① 如同 9 的乘法表步驟，從上到下寫下 0 到 9。

$1 \times 99 = \quad 0$
$2 \times 99 = \quad 1$
$3 \times 99 = \quad 2$
$4 \times 99 = \quad 3$
$5 \times 99 = \quad 4$
$6 \times 99 = \quad 5$
$7 \times 99 = \quad 6$
$8 \times 99 = \quad 7$
$9 \times 99 = \quad 8$
$10 \times 99 = \quad 9$

② 在第一行數字後面寫下一行 9。

1 x 99 =	0 9	
2 x 99 =	1 9	
3 x 99 =	2 9	
4 x 99 =	3 9	
5 x 99 =	4 9	
6 x 99 =	5 9	
7 x 99 =	6 9	
8 x 99 =	7 9	
9 x 99 =	8 9	
10 x 99 =	9 9	

③ 最後，再次寫下 0 到 9，
　 這次從下往上。就是這麼
　 簡單！只要三個簡單步
　 驟，就能完成 99 乘法表。

1 x 99 =	0 9 9
2 x 99 =	1 9 8
3 x 99 =	2 9 7
4 x 99 =	3 9 6
5 x 99 =	4 9 5
6 x 99 =	5 9 4
7 x 99 =	6 9 3
8 x 99 =	7 9 2
9 x 99 =	8 9 1
10 x 99 =	9 9 0

既然你已經知道了 99 乘法表的祕密模式，那麼，你應該也寫得出 999 乘法表吧？

1 x 999 =
2 x 999 =
3 x 999 =
4 x 999 =
5 x 999 =
6 x 999 =
7 x 999 =
8 x 999 =
9 x 999 =
10 x 999 =

● ● ● ● ● ● ● ● ●

神奇的步驟

① 從上到下寫下 0 到 9。

1 x 999 = 0
2 x 999 = 1
3 x 999 = 2
4 x 999 = 3
5 x 999 = 4
6 x 999 = 5
7 x 999 = 6
8 x 999 = 7
9 x 999 = 8
10 x 999 = 9

② 這次，寫下兩行 9。

$1 \times 99 =$　099
$2 \times 99 =$　199
$3 \times 99 =$　299
$4 \times 99 =$　399
$5 \times 99 =$　499
$6 \times 99 =$　599
$7 \times 99 =$　699
$8 \times 99 =$　799
$9 \times 99 =$　899
$10 \times 99 =$　999

③ 從下往上填入 0 到 9，這
　就是 999 乘法表！

$1 \times 99 =$　0999
$2 \times 99 =$　1998
$3 \times 99 =$　2997
$4 \times 99 =$　3996
$5 \times 99 =$　4995
$6 \times 99 =$　5994
$7 \times 99 =$　6993
$8 \times 99 =$　7992
$9 \times 99 =$　8991
$10 \times 99 =$　9990

10

用另一個方法計算 9 的乘法

　　準備好換個方法，計算 9×1 到 9×10 嗎？試試看！只要兩步驟就能解出 9×7。

● ● ● ● ● ● ● ● ●

神奇的步驟

① 首先，我們來解出十位數。解法如下：十位數永遠比乘以 9 的數字少 1。

$$9 \times \boxed{7} = \underline{6\ \ }$$
(-1)

② 問問自己：「什麼數字加這裡的十位數字，會等於 9？」就能算出個位數，範例中的十位數是 6，加 3 等於 9。因此，個位數是 3，答案是 63。

$$6 + \underline{\ \ } = 9$$

$$9 \times 7 = \underline{6}\,\underline{3}$$

進階思考

　　讓我們再練習一次，掌握訣竅！這次，計算 9×3。

① 首先，3 減 1 得到答案的十位數。

$$9 \times ③ = \underline{2}\ \underline{}$$

（-1）

② 2 加上什麼數字等於 9？答案是 7！所以 9×3 的答
　　案是 27。

$$2 + \underline{} = 9$$

$$9 \times 7 = \underline{2}\ \underline{7}$$

11

數手指，算9

你喜歡用手指數數嗎？如果答案是肯定的，那麼你一定會喜歡這裡要教你的技巧，用手指計算 9×1 至 9×10！

張開你的雙手，掌心向上，在每個手指上標記 1 到 10。準備好開始解題！我們就從 9×3 開始。

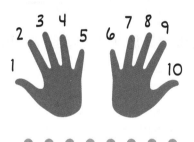

神奇的步驟

① 先搞清楚：「9 要乘以多少？」這個例子是 3，所以請放下標記為 3 的手指。如果要計算 9×7，就放下標記為 7 的手指。

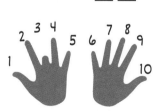

② 接下來，數一下放下的那根手
　指左邊有幾根手指，這個數字
　是十位數。

$$9 \times 3 = \underline{2}\ \underline{}$$

③ 然後，數一下放下的那根手指
　右邊有幾根手指，這個數字是
　個位數。十位數跟個位數合起
　來就是答案！

$$9 \times 3 = \underline{2}\ \underline{7}$$

　　是不是很像變魔術？讓我
們再練習9×9，這樣你就懂了。

$$9 \times 9 = \underline{}\ \underline{}$$

① 首先，放下標記為9的手指。

② 數一數，放下的這根手
指左邊有幾根手指。

$9 \times 9 = \underline{\ 8\ }\ \underline{\quad}$

③ 數一數放下的這根手指
右邊有幾根手指。最後
將左邊（8）和右邊（1）
的手指數合在一起，得
到答案 81 ！

$9 \times 9 = \underline{\ 8\ }\ \underline{\ 1\ }$

12

6乘到10，雙手就能算

讓我們將手指數學再往上提升一個境界，用手指算出 6 到 10 任何數字相乘的結果。

張開雙手，在手指上標記 6 到 10，小指是 6，依序算到大拇指為 10。準備好雙手後，讓我們試著解出 7×8。

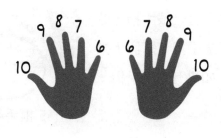

● ● ● ● ● ● ● ● ●

神奇的步驟

① 首先，雙手向內朝自己，左手標記為 7 的手指指尖，

觸碰右手標記為 8 的手指指尖。

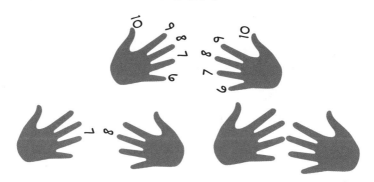

② 接著,數一數碰在一起的兩根手指之下有幾根手指,並加入這兩根手指。每個手指代表 10,如果有 5 根手指,那就是 50。

5 根手指 = 50

③ 接著,數一下碰在一起的手指上方有幾根手指,這裡就不包括碰在一起的兩根手指。這個例子中,左手有 3 根手指,右手有 2 根手指,將這兩個數字相乘。

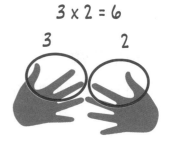

3 x 2 = 6

3   2

④ 最後，將第二步的 50 加上第三步的 6，得到答案！

$$7 \times 8 = 50 + 6 = 56$$

進階思考

再玩一次有趣的手指乘法遊戲吧！試試看 6×7。

將左手標記為 6 的手指，觸碰右手標記為 7 的手指。

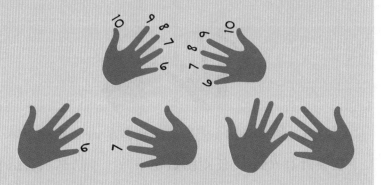

接著，數一下碰在一起的手指下方有幾根手指，包含那兩根碰在一起的手指。這個例子中，有 3 根手指，

每根手指代表 10，所以 3 根手指等於 30。

3 根手指 = 30

現在，數一下碰在一起的手指上方有幾根手指，這裡不包含碰在一起的兩根手指。這個例子中，左手有 4 根手指，右手有 3 根手指，兩個數字相乘 4×3 = 12。

4 x 3 = 12

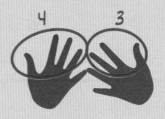

最後，將 30 和 12 相加，得到答案 42！很簡單吧？下次要計算 6 到 10 任兩個數相乘時，不妨試試看這個方式！

6 x 7 = 30 + 12 = 42

13

11 乘法表，成雙成對

　　11 乘法表最簡單（也是我最喜歡
的）。為什麼？因為它就像襪子、靴
子和耳環，11 的乘法總是成雙成對！
以下列出 11 乘法表，你看了就懂。

1 x 11 =
2 x 11 =
3 x 11 =
4 x 11 =
5 x 11 =
6 x 11 =
7 x 11 =
8 x 11 =
9 x 11 =
10 x 11 =

● ● ● ● ● ● ● ● ●

神奇的步驟

① 從 11×1 到 11×9，所有答案都
　是兩位數，這個數字就是原本乘
　以 11 的數字。以 2×11 為例，
　11 乘以 2 等於 22 ！

1 x 11 = 11
2 x 11 = 22
3 x 11 = 33
4 x 11 = 44
5 x 11 = 55
6 x 11 = 66
7 x 11 = 77
8 x 11 = 88
9 x 11 = 99
10 x 11 =

② 至於 11×10，前兩位數字是 10 的十位數，最後一位數字則是 10 的個位數。

$1 \times 11 = 11$
$2 \times 11 = 22$
$3 \times 11 = 33$
$4 \times 11 = 44$
$5 \times 11 = 55$
$6 \times 11 = 66$
$7 \times 11 = 77$
$8 \times 11 = 88$
$9 \times 11 = 99$
$10 \times 11 = 110$

那麼 11×10 以上的乘法該如何計算？在第三章中我將介紹一個驚人的技巧，能用來算出 11 乘以兩位數或三位數的答案，敬請期待！

第 2 章

超實用速算技巧

　　現在，我們都知道該怎麼做了——對付大數字最簡單的方式，就是將大數字拆解為較小的數字（尤其是拆解成 0、1、2、10 或 100），並以最有效的方式組合回來。

　　那麼，你會如何將 735 和 213 相加？如何將 378 減 253 ？有很多方法可以拆解這些大數字，以下是我在當工程師時最常使用的五種方法。

按位值拆解相加

　　這是加法中最常見的拆解數字方法——分成各自的位值（個位、十位、百位、千位等），然後逐組相加。

$$735 + 213$$
$$= (700 + 30 + 5) + (200 + 10 + 3)$$
$$= (700 + 200) + (30 + 10) + (5 + 3)$$
$$= 900 + 40 + 8$$
$$= 948$$

為什麼這個方法有用？請看右邊兩組隨機排列的方塊，將兩組方塊相加，總共有幾塊？

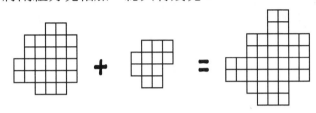

要算出每一堆有幾個方塊，你得花上一些時間。但如果將每一堆分成十個一組，很容易就能看出第一堆有 27 個方塊，第二堆有 12 個方塊，加起來的第三堆共有 39 個方塊。依照位值拆解數字，會讓加法變得更容易！

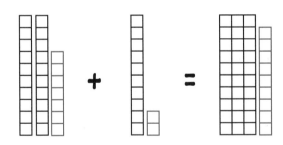

洗牌

另一個簡單計算大數字加法的技巧，是重新分組，讓數字加起來是漂亮的整數。例如，任兩個數字的個位

數相加為 10，就把它們分在同一組！

$$31 + 14 + 25 + 9 + 16$$
$$= (31 + 9) + (14 + 16) + 25$$
$$= 40 + 30 + 25$$
$$= 95$$

不過，小組相加的結果不一定非要是 10 不可，請依情況應變——發揮創意並尋找其中可運用的規律！

$$1 + 2 + 3 + 4 + 5 + 6 + 7 + 8 + 9 + 10$$
$$= (1 + 10) + (2 + 9) + (3 + 8) + (4 + 7) + (5 + 6)$$
$$= 11 + 11 + 11 + 11 + 11$$
$$= 55$$

有趣的挑戰來了——你能透過分組，快速將 1 至 100 的所有數字相加嗎？

$$1 + 2 + 3 + 4 + \ldots\ldots + 97 + 98 + 99 + 100$$
$$= (1 + 100) + (2 + 99) + (3 + 98) + (4 + 97) + \ldots\ldots$$
$$= 101 + 101 + 101 + 101 + 101 + \ldots\ldots$$
$$= 50 \times 101$$
$$= 5050$$

　　為什麼 101 要乘以 50？當你從 1 開始將連續的數字相加，而最後一個數字是偶數時，利用上述模式分組的結果，組數就是最後一個偶數除以 2（據說數學王子高斯〔Carl Friedrich Gauss〕10 歲時就這樣算出答案）。

給一點，拿一點

　　如果相加的數字中有個位數是 9，就很適合右側方式計算。從其他數字借 1，就能先算出以 0 結尾的漂亮整數！

$$29 + 57$$
$$= (29 + 1) + (57 - 1)$$
$$= 30 + 56$$
$$= 86$$

　　這個方法的優點是什麼？其實，不只局限於以 9 結尾的數字，你可以隨時從其他數字借用需要的部分！

$$117 + 73$$
$$= (117 + 3) + (73 - 3)$$
$$= 120 + 70$$
$$= 190$$

兩步驟減法

　　接下來，讓我們學習一些減法技巧。試著將減法問題分成兩個步驟，我常用這個方法減去 10 以下的數字。先減去某個數字，讓個位數是以零結尾的漂亮整數，然後再減掉剩下的部分！

$$32 - 7 \qquad\qquad 173 - 9$$

$$32 - 2 = 30 \qquad\qquad 173 - 3 = 170$$

$$30 - 5 = 25 \qquad\qquad 170 - 6 = 164$$

減法的拆解

　　如果要減去 10 以上的更大數字，該怎麼辦？別擔心，只需按位值拆解數字，一個一個減掉就好。

$$378 - 253$$

$$378 - 200 = 178$$

$$178 - 50 = 128$$

$$128 - 3 = 125$$

　　以上幾種拆解大數字的方法，可以幫助你計算加減法。在做這本書的練習題時，你可以嘗試各種不同的方法，找出最適合你自己的。發揮創意、享受解題樂趣！

1

一秒算出奇數相加

$$1 + 3 + 5 + 7 + 9 + 11$$

將從 1 開始的連續奇數相加時，會形成一個獨特的模式。

● ● ● ● ● ● ● ●

神奇的步驟

① 先計算在這個加法中，共有幾個連續的奇數。以下方例子而言，共有 6 個奇數。

$$1 + 3 + 5 + 7 + 9 + 11$$
↑　↑　↑　↑　↑　↑
1　2　3　4　5　6

② 將該數字平方（也就是自己乘以自己），即可得到答案！ $1+3+5+7+9+11=6^2=36$。

$$6^2 = 36$$

再試試另一個例子吧！1+3+5+7+9+11+13+15 會得到多少？這次是 8 個連續奇數相加，因此答案是：$1+3+5+7+9+11+13+15=8^2=64$。

讓我們再挑戰更難的。1+3+5+…+97+99，結果是多少？你不需要一個一個算共有幾個奇數相加，只要將最後一個數字加 1（99+1=100），再除以 2（100÷2=50）。這意味著 1～99 之間共有 50 個奇數，所以 $1+3+5+…+97+99=50^2=2,500$。

練習題

1. 1+3+5+7+9+11+13+15+17+19+21 = ？

2. 1～199 的奇數總和是多少？

3. 計算 2,007 以內的所有奇數總和。

速算背後的原理　＋ − ✕ ÷

　　以下介紹等差數列（arithmetic progression）的概念。
這個概念說起來有點複雜，且牽涉相當多的代數，如果
你準備好接受挑戰，請繼續往下看！

　　等差數列是什麼？基本上就是一系列等額增加的數
字。例如 5、8、11、14、17 是等差數列，因為每個數字
都比前一個數字多 3。而 1、2、7、98 不是等差數列，
因為從 2 到 7 增加的數字，與從 7 到 98 的增加數字不同。

　　那麼，這跟連續奇數相加有什麼關係呢？因為將連
續的奇數相加（例如 1、3、5、7、9……），就是一個
每次增加 2 的等差數列。如果你想將等差數列的所有數
字相加，有一個公式：

$$S_n = \frac{n}{2} [2a + (n-1)d]$$

S_n：總和

n：要相加的數字數量

a：第一個數字

d：每個數字之間的差

　　當我們將從 1 開始的連續奇數相加時，可以將 a 設定為 1、d 為 2，把數字代入公式後，算出 $S_n = n^2$！這意味著 n 個連續奇數總和，答案就是 n^2。

　　用代數來解釋太過複雜，看不太懂嗎？還有另一種更有趣的方法可以證明——用圖形！以下用方塊排成 L 形表示奇數。

　　將 L 形的方塊合在一起，會變成什麼？一個正方形！正方形中的粉紅色方塊數量，就等於相加的奇數數量。這就是連續奇數總和的祕訣：連續奇數的總和，等於奇數數量的平方。

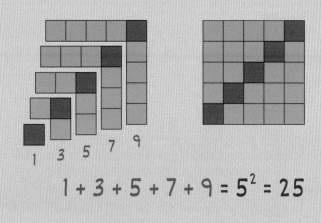

$$1 + 3 + 5 + 7 + 9 = 5^2 = 25$$

2

偶數相加，也能秒算

你已經在前一節學會一秒算出連續奇數相加的結果，那偶數呢？

$$2 + 4 + 6 + 8 + 10 + 12$$

● ● ● ● ● ● ● ● ●

神奇的步驟

① 先計算相加的偶數數量。

$$2 + 4 + 6 + 8 + 10 + 12$$
$$\uparrow \quad \uparrow \quad \uparrow \quad \uparrow \quad \uparrow \quad \uparrow$$
$$1 \quad 2 \quad 3 \quad 4 \quad 5 \quad 6$$

② 將這個數字乘以這個數字加 1，就是答案！在這個例子中，有 6 個偶數，6 加 1 是 7，6×7 得到 42 ！因此 2+4+6+8+10+12=42。

$$6 \times 7 = 42$$
$$\uparrow$$
$$6 + 1$$

77

　　試試看，挑戰更難的題目！如何將 200 以內的所有連續偶數相加（2+4+6+……+196+ 198+200）？

　　不需要一個個計算總共有幾個偶數，我們在第 74 頁已學到這個技巧：將 200 除以 2（200÷2=100），得到 2〜200 之間有 100 個偶數。只要將 100 乘以（100+1）即可得到答案（100×101=10,100）。

練習題

1. 2+4+6+8+10+12+14+16+18= ？

2. 2〜20 的偶數加起來是多少？

3. 計算 1,000 以內的所有偶數總和。

速算背後的原理 ＋ － ✗ ÷

還記得連續奇數相加的等差數列公式嗎？

$$S_n = \frac{n}{2} [2a + (n-1)d]$$

S_n：總和

n：要相加的數字數量

a：第一個數字

d：每個數字之間的差

連續偶數相加（如 2、4、6、8、10……）也是每次增加 2 的等差數列，但這次我們從 2 開始，而不是 1。這意味著 a 為 2（d 仍為 2），將數字代入公式，得出 Sn ＝ n（n ＋ 1），代表 n 個連續偶數的總和是 n（n ＋ 1）！

3

大數字減法

　　這是針對結尾為零的大數字所想
出來的創意減法，例如 500、82,000 或
108,000。這個解法簡單又快速，但如果
個位數不是零，效果就沒那麼好。這個
方法最大的優點是什麼？不需要借位！

$$8000 \\ -3729$$

● ● ● ● ● ● ● ● ●

神奇的步驟

① 首先，將這兩個數字各
自減去 1。例如 8,000
變為 7,999，3,729 變為
3,728。

$$\begin{array}{r} 8000 \;\; -1 \\ -3729 \;\; -1 \end{array} \rightarrow \begin{array}{r} 7999 \\ -3728 \end{array}$$

② 接下來，你只需像平常
一樣，從右至左減去
每個位值的數字。完成
後，就會得到答案！

$$\begin{array}{r} 7999 \\ -3728 \\ \hline 1 \end{array} \rightarrow \begin{array}{r} 7999 \\ -3728 \\ \hline 4271 \end{array}$$

練習題

1. 700-83＝？

2. 17,000-936＝？

3. -238+5,000＝？

速算背後的原理

　　將數字相減時，就是算出兩者在數線上的距離。例如 8-2=6，就是 2 跟 8 之間有 6 個單位。

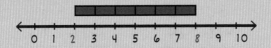

　　如果把 8 和 2 都各減去 1，算式會從 8-2 變成 7-1，而答案仍然是 6，因為 7 和 1 之間的距離與 8 和 2 之間的距離相同，只是在數線上向左移動了一格！

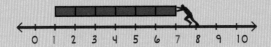

稅後收入

假設你一年的薪水是 50,000 美元。不幸的是，你無法保留全部 50,000 美元，因為收入必須預扣所得稅和健康保險。假設稅金和健康保險總計 16,724 美元，年底時你的實際收入是多少？

實際進入你口袋的金額是 33,276 美元！感覺有點少？這就是稅收的現實。但別太煩惱！重點是好好利用辛苦賺來的錢。

$$
\begin{array}{r}
50000 \ -1 \\
-16724 \ -1 \\
\hline
\end{array}
\rightarrow
\begin{array}{r}
49999 \\
-16723 \\
\hline
33276
\end{array}
$$

4

用加法算減法！

你會如何在腦中計算簡單的減法，例如 20-11 ？最直接的方法，就是用 20 直接減去 11，得到答案為 9。但是，你知道還有其他解法嗎？你也可以從 11 開始，往上加 9 達到總和 20 以得到答案。

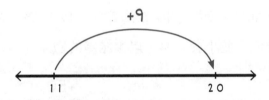

減法其實就是兩個數字之間的距離。算 20-11 很簡單，因為就是算出 11 和 20 之間的距離。但如果是更大的數字，例如 94-37 或 913-228 呢？別擔心，讓我分享一個實用的技巧！

94 - 37

● ● ● ● ● ● ● ●

神奇的步驟

① 讓我們用加法來解 94-37。先從比較小的數字 37 開始，數到最靠近它、以零結尾的數字 40。

37 + 3 = 40

② 以 40 為起點，開始新的算式。以 10 為一組，算到最接近（並小於）94、以零結尾的數字 90。

37 + 3 = 40
40 + 50 = 90

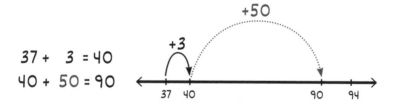

③ 以 90 為起點，開始新的算式，數到 94。

37 + 3 = 40
40 + 50 = 90
90 + 4 = 94

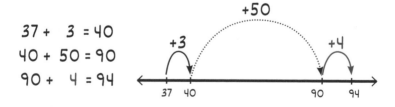

④ 有趣的地方來了。將所有算式中加上的數字相加，便能得到 94-37 的答案！

$$
\begin{aligned}
37 + \boxed{3} &= 40 \\
40 + \boxed{50} &= 90 \\
90 + \boxed{4} &= 94 \\
&= 57
\end{aligned}
$$

練習題

1. 52-17= ？

2. 1,234-321= ？

3. 3,920-1,242= ？

速算背後的原理

　　對大腦而言，一步算出 94-37 是一大挑戰，而將它拆解為更小的減法（40-37、90-40 和 94-90），會變得更容易。因為加上以 10 為一組的數字，例如從 40 到 90，會比計算 37 到 94 要加上多少數字還要快得多。

　　你可以這樣想：你不會選擇從紐約（New York）步行到波士頓（Boston），這要花上三天的時間！你可能會選擇大部分的路程搭火車，而往返火車站時步行一小段距離，這樣就快多了。

　　計算大數字減法時，運用這個技巧會讓問題變得更容易！

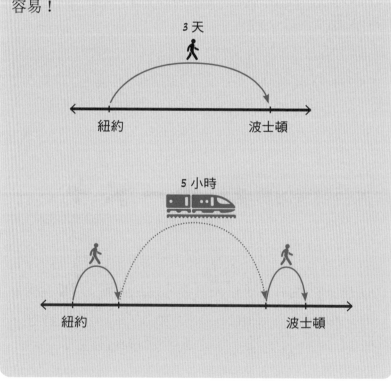

公路旅行還有多遠　＋ － ✕ ÷

我在佛羅里達州（State of Florida）卡納維爾角（Cape Canaveral）的 NASA 基地工作時，曾從紐約一路開車到卡納維爾，全程總計 913 英里（1,469 公里），沿途在華盛頓特區（Washington, D.C.）、南卡羅來納州（State of South Carolina）的查爾斯頓（Charleston）停留休息。

從紐約開車到華盛頓特區的距離是 228 英里（367 公里），那麼我還要開多遠，才能抵達卡納維爾角？

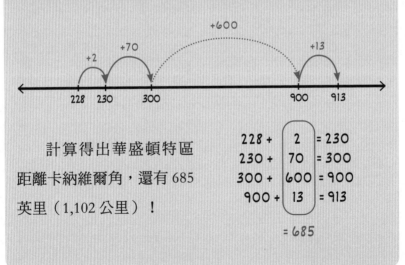

計算得出華盛頓特區距離卡納維爾角，還有 685 英里（1,102 公里）！

$$228 + \boxed{2} = 230$$
$$230 + \boxed{70} = 300$$
$$300 + \boxed{600} = 900$$
$$900 + \boxed{13} = 913$$
$$= 685$$

第 3 章

速乘的祕訣

你能在腦中快速解出以下兩道乘法問題嗎？

$$9 \times 4 \qquad 14 \times 4$$

因為你已經記住了 9 的乘法表，所以 9×4=36 對你來說是小菜一碟。但要如何快速算出 14×4？其實，你不需要記住 14 的乘法表，只要記住這個概念：**乘法只是加法的重複**。

明白了這一點，就能輕鬆讓乘法問題變得更容易。例如，如果我每天花 4 美元買咖啡，兩週總共花多少錢？只要 14×4 就能算出答案。

$$14 \times 4$$

$$4+4+4+4+4+4+4+4+4+4+4+4+4+4$$

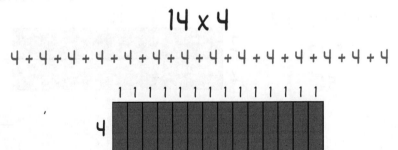

你可以先將 4 分組後，再將這些組相加，而不是把
4 相加 14 次。例如，你可以將 10 個 4 分成一組（數值
為 40），4 個 4 分在另一組（得到 16）。

$$(4 + 4 + 4 + 4 + 4 + 4 + 4 + 4 + 4 + 4) + (4 + 4 + 4 + 4)$$

$$(10 \times 4) + (4 \times 4)$$

$$40 + 16$$

$$56$$

還有哪些方法可以拆解 14×4 ？

$$(14 \times 2) + (14 \times 2)$$

$$28 + 28$$

$$56$$

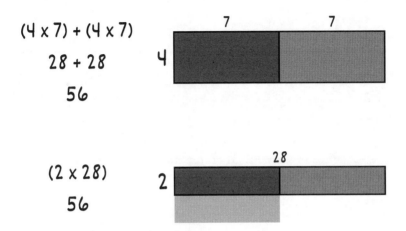

$(4 \times 7) + (4 \times 7)$

$28 + 28$

56

(2×28)

56

　　不只如此——你還有其他方式可以解出 14×4。針對棘手的乘法問題，在本章中，你將學會 10 種有趣的拆解方法，並很快算出答案。重點在於享受其中的樂趣和釋放你內在的創造力。請記住：問題只有一個答案，但算出答案的方法可以有很多種！

　　提示：舉例來說，50 的 20％就是 20%×50，而 30 的三分之二就是 2/3×30。如果你花了面額 100 美元禮品卡的四分之一，表示你花了 1/4×100 美元，也就是 25 美元。

1

任何數乘以 5

讓我們從最常用的乘法技巧開始吧！你會如何在腦中計算 18×5 ？以下是超快速的解法，比你說出「18×5」還要快！

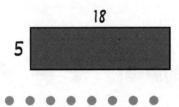

神奇的步驟

① 將要乘以 5 的數字減半。

$$18 \div 2 = 9$$

② 將新數字乘以 10，完成了！

$$9 \times 10 = 90$$

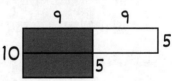

任何數字乘以 5 都可以使用這個技巧。相信我，這個方法太好用了，你會常常用！

練習題

1. 27×5

   $27 \div 2 =$ __

   __ $\times 10 = ?$

2. $120 \times 5 = ?$

3. $64 \times 5 = ?$

速算背後的原理　＋－✗÷

　　請記住，大腦最容易處理的數字是 0、1、2、10 和 100。5=10÷2，所以將一個數字乘以 5，與乘以 10 再除以 2 得到的答案相同。用 0、1、2、10 和 100，分成兩步驟計算，會比用困難的數字一步算出更容易。

　　讓我們實際算算看！假設你一年工作 48 週，整年工作多少天？先將 48 除以 2（48÷2=24），再將 24 乘以 10（24×10=240），你每年總共工作 240 天！

2

三位數乘以 11，不用按計算機

你能快速算出 3×11 和 8×11 的答案嗎？我相信你可以！但更大的數字，例如 829×11 或 2,357×11 呢？是不是很想伸手去拿計算機？先試試以下這個技巧！

72 x 11

● ● ● ● ● ● ● ● ●

神奇的步驟

① 開始前，請記住一件重要的事：用 11 乘以兩位數數字時，請將答案分成三個部分，分別算出答案。首先，將被乘數的第一位數字複製到答案中。在範例中，72 的第一位數字是 7，原封不動貼上！

72 x 11 = 7 _ _

② 接下來，將被乘數的第二位數字複製到答案的最後一位數字。在這個例子中，72 的第二位數字是 2。

72 x 11 = 7 _ 2

③ 最後，將被乘數的第一位和第二位數字相加，即可得到答案中間的數字！

$$72 \times 11 = \underline{7 \; 9 \; 2}$$

$$7 + 2 = 9$$

這個技巧適用於任何兩位數，但如果中間數字的和大於 9，則需往前進位。以 85×11 為例，先複製第一個數字（8），然後複製最後一個數字（5），最後將兩者相加得到中間數字（8 + 5 = 13），由於 13 大於 9，因此必須進（1）到答案的百位，讓 8 加 1 變成 9，答案就是 935（不是 835 或 8,135）！

$$85 \times 11 = \underline{8 \; 3 \; 5} = 935$$

$$8 + 5 = 13$$

那麼，進階挑戰吧！當被乘數是三位數時會發生什麼事？使用以上的技巧算算看！

$$527 \times 11$$

● ● ● ● ● ● ● ● ●

神奇的步驟

① 當三位數數字乘以 11 時，可以將答案分為四個部分，並分別算出答案。和前面的步驟一樣，先複製數字的第一位數。

$$527 \times 11 = \underline{5}\ \underline{\ }\ \underline{\ }\ \underline{\ }$$

② 接下來，複製最後一位數字。

$$527 \times 11 = \underline{5}\ \underline{\ }\ \underline{\ }\ \underline{7}$$

③ 輪到答案的中間數字！只需將被乘數的第一位和第二位數字相加，即可算出第二位數字。

$$527 \times 11 = \underline{5}\ \underline{7}\ \underline{\ }\ \underline{7}$$

$$5 + 2 = 7$$

④ 將被乘數的第二位和第三位數字相加，即可算出第三位數字！

$$527 \times 11 = \underline{5}\ \underline{7}\ \underline{9}\ \underline{7}$$

$$2 + 7 = 9$$

很酷吧！你可以利用這個技巧算出四位數、五位數，甚至二十位數字乘以 11 的答案。只要複製第一個數字，複製最後一個數字，然後將每個連續數字相加，就能算出答案的中間數字！

練習題

1. 53×11=_ _ _

2. 86×11=_ _ _

3. 7,253×11=_ _ _ _ _

速算背後的原理

這個技巧背後的原理很簡單。首先，11 能拆解成 10+1，因此 23×11 能拆解為 (23×10)+(23×1)，算式便簡化成 230+23。我們會發現，第一位數字將維持為 2，最後一位數字為 3，而中間數字則是 2+3！

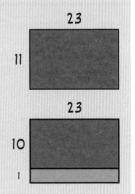

夢想之旅的預算　＋ － ✗ ÷

你一直想在夏天去義大利度個長假，現在終於夢想成真！旅程共有 11 天，平均每晚的住宿費是 154 美元，整趟旅程的住宿費應該抓多少預算？只要將平均住宿費 154 美元乘以天數（154×11）就能得到答案。

利用前述技巧，簡單四步驟就能算出來！

① 複製 154 的第一位數字。　　154 x 11 = <u>1</u> _ _ _

② 複製 154 的最後一位數字。　154 x 11 = <u>1</u> _ _ <u>4</u>

③ 將 154 的第一位數字（1）
和第二位數字（5）相加，　154 x 11 = <u>1</u> <u>6</u> _ <u>4</u>
算出答案的第二位數字。　1 + 5 = 6

④ 將 154 的第二位數字（5）
和第三位數字（4）相加，　154 x 11 = <u>1 6 9 4</u>
算出答案的第三位數字。　5 + 4 = 9

答案出來了！11 天義大利度假的住宿費，總計 1,694 美元。現在，你可以開始為這趟精彩旅程存錢了！

1111111 金字塔　＋ － ✕ ÷

當所有位數都是 1 的數字相乘時，會得到什麼結果？答案的第一個和最後一個數字都是 1，真正神奇的事發生在這兩個 1 之間！

中間的數字會從 1 開始，上升到特定數字後再下降回到 1。這個特別的數字有什麼規則嗎？就是相乘兩個數字的位數。這個完全對稱的數字金字塔，視覺上特別和諧，你不覺得嗎？

$$1 \times 1 = 1$$
$$11 \times 11 = 121$$
$$111 \times 111 = 12321$$
$$1111 \times 1111 = 1234321$$
$$11111 \times 11111 = 123454321$$
$$111111 \times 111111 = 12345654321$$
$$1111111 \times 1111111 = 1234567654321$$
$$11111111 \times 11111111 = 123456787654321$$
$$111111111 \times 111111111 = 12345678987654321$$

3

訂閱費每月 13 美元，一年要花多少錢？

　　你喜歡在工作時聽音樂嗎？我習慣戴上耳機，播放 Spotify 的歌曲以保持專注。但這並不便宜！我每個月必須支付 Spotify 訂閱費 12.99 美元（為方便計算，四捨五入為 13 美元）。所以，我每年要付多少錢？

　　你會如何在腦中計算 13×12 ？有個小技巧能讓 11 至 19 之間的任兩個數字相乘，變得非常容易。準備好試一試了嗎？

● ● ● ● ● ● ● ● ● ●

神奇的步驟

① 11 至 19 之間任兩個數字相乘時，答案會是三位數。

$$13 \times 12 = \underline{\ }\ \underline{\ }\ \underline{\ }$$

② 在這個步驟中,我們將解出答案的前兩位數字(百位和十位)。首先,選擇一個數字,將這個數字的個位數加到另一個數字。以 13×12 為例,可以從 12 取出 2,和 13 相加;或是從 13 取出 3,和 12 相加。兩者的答案都是 15,這是答案的前兩位數。

$$13 \times 1\textcircled{2} \quad or \quad 1\textcircled{3} \times 12 = \underline{1}\ \underline{5}\ \underline{\ }$$

③ 接著,我們來算答案的第三位數。請將兩個數字的個位數相乘。答案揭曉:13 美元 ×12 個月 = 156 美元,這是我每年訂閱 Spotify 的費用!

$$13 \times 12 = \underline{1}\ \underline{5}\ \underline{6}$$

$$3 \times 2$$

很簡單吧?但是,如果答案的第三位數等於或大於 10,就需要額外的進位步驟。

$$12 \times 16 = \underline{\ }\ \underline{\ }\ \underline{\ }$$

● ● ● ● ● ● ● ● ●

神奇的步驟

① 像之前一樣，先求解前兩位數字。選擇一個數字，將個位數加到另一個數字。

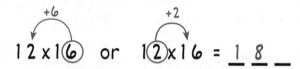

② 接著，讓兩個數字的個位數相乘，算出第三位數的答案。因為 $2 \times 6 = 12$，且 12 大於 9，必須將 12 的 1 進位到答案的十位數。

$$12 \times 16 = \underline{1}\ \underline{8}\ \underline{2}$$

$$2 \times 6 = 12$$

③ 將進位的 1 加到該位值的數字中，得到最終答案！

$$12 \times 16 = \underline{1}\ \underline{9}\ \underline{2}$$

練習題

1. $14 \times 15 = ?$

2. $13 \times 18 = ?$

3. $17 \times 19 = ?$

速算背後的原理 ＋ － ✕ ÷

　　以第一個範例 13×12 為例。先將數字拆解為各自的位值（13=10+3、12=10+2）。為了解出 13×12，將位值相乘並相加：13×12=(10+3)(10+2)=(10×10)+(10×3)+(10×2)+(3×2)。

　　這跟前述的技巧有何關係？第一步，將一個數字的個位數加到另一個數字，便是將 13 和 12 的所有十位數和個位數相乘：(10×10)+(10×3)+(10×2)。

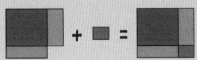

　　而在第二步中，將個位數相乘（3×2），就是加上最後一塊拼圖。

4

相差 2 的數字相乘

　　當你將兩個相差 2 的數字相乘時，會發生特別且神奇的事。如果你已經很熟悉平方差（difference of squares）的概念，那麼你大概已經猜到了。但若你不熟悉，接下來的技巧你一定會喜歡！

$$101 \times 99$$

● ● ● ● ● ● ● ●

神奇的步驟

① 找出相乘兩個數字之間的數字。在這個例子中，介於 101 和 99 之間的數字是 100。

$$99...100...101$$
$$\uparrow$$

② 然後，將該數字平方！

$$100^2 = 10,000$$

③ 最後再減去 1，即可得到答案。

$$10,000 - 1 = 9,999$$

很酷吧！這個技巧適用於任兩個相差 2 的數字，但它確實有所局限。以 77×79 為例，找到兩者之間的數字（78），平方後（78^2）減去 1（$78^2\text{-}1$）。但你能不假思索的算出 78^2 嗎？像我就算不出來！

如果能輕鬆算出兩個數字之間的數字平方，例如 10 的倍數（20、30、40、100、200、300 等），這個方法才能發揮最大效用。這樣你就能看一眼便快速算出答案，不必絞盡腦汁！

練習題

1. 13×11

2. 79×81

3. 301×299

速算背後的原理

以兩個簡單的數字相乘為例，例如 9×7。9 就是 8+1、7 就是 8-1，因此 9×7=(8+1)(8-1)。現在，我要用代數和幾何證明 (8+1)(8-1)= 8^2-1^2 = 8^2-1。

我們將 a 作為 8 的代號、b 作為 1 的代號，證明 (a+b)(a-b)=a^2-b^2。首先，畫一個正方形，其邊長長度為 a，這個正方形的面積是 a^2。

為了算出 a^2 - b^2，我們從大正方形（a^2）剪下一個小正方形（b^2）。

這個正方形看起來有點破碎。如何裁切、移動，讓它變成漂亮的長方形？你可以剪下底部的一部分，貼在右邊。這個新長方形的面積就是 (a+b)(a-b)！

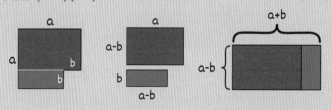

地毯尺寸怎麼挑？

假設你的房子裡有塊舒適的方形空間，面積約 3,000 平方英寸（19,354.8 平方公分）。你在網路上瀏覽後，愛上了底下這塊 49×51 英寸（124.5×129.5 公分）的地毯，兩端都有褶邊。快速計算一下，這張地毯適合這個空間嗎？

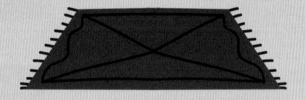

為了解決這個問題，我們將 49 英寸乘以 51 英寸。

$$49 \times 51 = 50^2 - 1 = 2{,}499$$

地毯的尺寸是 2,499 平方英寸（16,122.75 平方公分），很適合這個空間！

5

$7 \times 11 \times 13$ 的巧合

將一個三位數乘以 7、11 和 13，會發生什麼事？我將其稱為「7-11-13 巧合」，但這只是單純的巧合嗎？讓我們來研究一下。

● ● ● ● ● ● ● ● ●

神奇的步驟

① 選擇一個三位數。在這裡我們選擇 238。

② 將這個數字乘以 7、11，再乘以 13。就像變魔術一樣，答案會是這個三位數重複後的六位數。

$$238 \times 7 \times 11 \times 13 = 238238$$

很酷對吧？讓我們驗證更多例子。

$$956 \times 7 \times 11 \times 13 = 956956$$
$$123 \times 7 \times 11 \times 13 = 123123$$
$$700 \times 7 \times 11 \times 13 = 700700$$

速算背後的原理 ＋ － ✖ ÷

這種模式看似隨機，背後卻有明確的解釋。想一想：乘以 7×11×13 代表什麼？7×11×13 等於 1,001！關鍵在於：將一個三位數乘以 1,001 時，數字便會以 abc×1,001＝abcabc 的格式重複。為什麼會這樣？

讓我們按照位值拆解 1,001（1,001＝1,000＋1）。將 238 乘以 1,001，就等於（238×1,000）＋（238×1），即等於 238,238。7-11-13 的巧合其實不是巧合！

$$238 \times 7 \times 11 \times 13$$
$$= 238 \times 1001$$
$$= (238 \times 1000) + (238 \times 1)$$
$$= 238000 + 238$$
$$= 238238$$

再延伸思考看看：兩位數和四位數是否也有類似的

模式？將兩位數乘以 101（ab×101=abab），四位數乘以 10,001（abcd×10,001=abcdabcd）。

$$52 \times 101$$
$$= (52 \times 100) + (52 \times 1)$$
$$= 5200 + 52$$
$$= 5252$$

$$3579 \times 10001$$
$$= (3579 \times 10000) + (3579 \times 1)$$
$$= 35790000 + 3579$$
$$= 35793579$$

別只是盲目相信我的話，自己算算看！你會驚訝的發現這個模式能輕易複製！

6

兩位數乘法彩虹

10 年前，我的導師教我這種快速將兩位數相乘的方法，而在擔任工程師的這些年裡，我仍持續使用這套方法。接下來，就從簡單的兩位數相乘開始，逐步解決需要進位的大兩位數。多練習，你很快就能熟練！

$$31 \times 12$$

● ● ● ● ● ● ● ● ●

神奇的步驟

① 首先，將兩個相乘數字的第一位數字相乘（3×1=3）。這會成為答案的第一個部分。

$$\underline{3}1 \times \underline{1}2 = 3\_\_$$

② 接下來，在答案中留一個空格（中間的數字會放在這裡），先算最後一位數字，將兩個相乘數字的最後一位數字相乘（1×2=2）。

$$3\underline{1} \times 1\underline{2} = 3\_2$$

③ 最後是中間數字！這就是我
們要畫彩虹的地方。首先，
將相鄰的兩個數字（前一個
數字的最後一位數和後一個
數字的第一位數）相乘。

$$31 \times 12 = 3\_2$$

$1 \times 1 = 1$

④ 接著，將相距較遠的兩個數
字（前一個數字的第一位數
和後一個數字的最後一位
數）相乘。

$$31 \times 12 = 3\_2$$

$1 \times 1 = 1$

$3 \times 2 = 6$

⑤ 將步驟③和④的數字相
加，即可得到中間數字：
1+6=7，所以 31×12=372 ！

$$31 \times 12 = 3\underline{7}2$$

$1 + 6 = 7$

很簡單，對吧？如果中間數字加起來等於或大於
10，就必須將十位數進位。算算看以下的例子：假設你
當數學家教賺外快，每小時收費 52 美元，一年家教時
間 81 小時，總共賺了多少錢？

$$81 \times 52$$

● ● ● ● ● ● ● ● ●

神奇的步驟

① 跟前面一樣，將相乘兩個
   數字的第一位數字相乘
   （8×5=40）。

$$\underline{8}1 \times \underline{5}2 = 40$$

② 接著，為中間數字留下
   空間，將相乘兩個數
   字的最後一位數字相乘
   （1×2=2），算出最後
   一位數字。

$$8\underline{1} \times 5\underline{2} = 40\_2$$

③ 接下來要畫出彩虹。
   首先，將相鄰的數字
   相乘。

$$81 \times 52 = 40\_2$$
$$1 \times 5 = 5$$

④ 再將外面的數字相乘。

$$81 \times 52 = 40\_2$$
$$1 \times 5 = 5$$
$$8 \times 2 = 16$$

⑤ 接著，將這兩個數字相加（5+16=21）。21 大於 9，因此要將個位數字（21 中的 1）寫入答案中間，並將十位數字（21 中的 2）往左進位。

$$81 \times 52 = 40\underline{1}\,2 \quad ^{+2}$$

$$5 + 16 = 21$$

⑥ 將 2 加 0，得到最終答案！每小時家教費用 52 美元，81 個小時的家教收入總計是 4,212 美元！

$$81 \times 52 = 4212$$

練習題

1. $13 \times 21 = ?$

2. $42 \times 14 = ?$

3. $95 \times 72 = ?$

速算背後的原理

我們來剖析第一個例子
31×12。如果畫出一個長 31、
寬 12 的長方形，面積是多少
（31×12）？

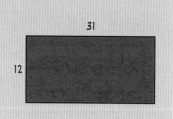

解決這個問題的最佳方
法，是將長方形分割成更小
的區塊，算出每塊的面積後
相加。分割長方形的方法很
多，將 31 和 12 以位值拆解
（31=30+1、12=10+2）是個很
好的方法。

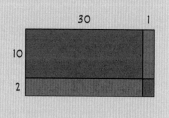

計算這些小長方形的面積
後相加，得到答案 372！

$$32 \times 12 = 300 + 60 + 10 + 2 = 372$$

7

先得21分獲勝，
羽球選手的積分計算

　　你打過羽毛球嗎？我小時候住在新加坡，幾乎每天都會打羽毛球，過程有趣又刺激，先獲得 21 分的人就能贏得比賽。如果你很認真打羽毛球，就能依照一生中獲得的分數得到排名。

　　假設一名很厲害的選手贏了 312 場比賽，且沒有平局，他的積分該如何計算？讓我們透過畫彩虹來解題！

$$312 \times 21$$

● ● ● ● ● ● ● ●

神奇的步驟

① 將兩個相乘數字的第一位數字相乘（3×2=6）。這是答案的第一個部分。

$$\underline{3}12 \times \underline{2}1 = 6$$

② 接下來，在答案中留下兩個空格（保留給中間兩位數），先計算最後一位數。將兩個相乘數字的最後一位數字相乘（2×1=2）就能得到答案。

$$312 \times 21 = 6 \_\_ 2$$

③ 現在，我們來解出答案的十位數。畫一條彩虹，將三位數數字的個位數乘以兩位數數字的十位數（2×2=4），再將三位數數字的十位數乘以兩位數數字的個位數（1×1=1），兩者相加後，即可得到答案的十位數（4+1=5）。

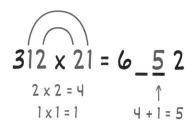

④ 現在來算答案的百位數！這次，在數字下面畫一條彩虹，三位數數字的十位數乘以兩位數數字的十位數

（1×2=2），三位數數字的百位數乘以兩位數數字的個位數（3×1=3），兩者相加後，就得到百位數的答案（3+2=5）。你解出了 312×21=6,552！如果一名球員贏得 312 場比賽且沒有平局的話，總分將達到 6,552 分！

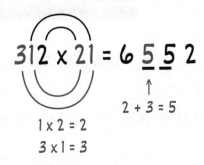

$$312 \times 21 = 6\underline{5}\underline{5}2$$

$$\uparrow$$
$$2 + 3 = 5$$

$$1 \times 2 = 2$$
$$3 \times 1 = 3$$

　　與上一節的練習類似，如果相加得出的數字是 10 或以上，就需要將十位數向左進位。

練習題

1. 121×31= ?

2. 821×23= ?

3. 458×72= ?

速算背後的原理

若將 312×21 的結果以長方形面積表示，你會如何算出面積？

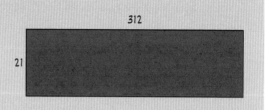

最佳解法是將長方形分割成更小的區塊，算出每個小塊的面積後相加。分割長方形的方法很多，將 312 和 21 按照位值拆解是個不錯的方法（312=300+10+2、21=20+1）。

$$312 \times 21 = 6,000 + 300 + 200 + 40 + 10 + 2$$

計算所有小長方形面積後相加，便能得到答案！

$$312 \times 21 = 6,000 + 300 + 200 + 40 + 10 + 2 = 6,552$$

8

別漏掉任何一顆氣球！

　　大數字相乘可能是件苦差事，但如果數字以0結尾，反而是件好事。請記住數氣球這個方法，別漏掉任何一顆氣球！

11000 x 700

● ● ● ● ● ● ● ● ●

神奇的步驟

① 將 0 前面的數字相乘。

$$11\,000 \times 700 = 77$$

② 計算問題中 0 的數量。

$$11\underline{000} \times 7\underline{00} = 77$$
$$\quad\; 1\,2\,3 \qquad 4\,5$$

③ 在答案中加上相同數量的 0，完成了！

$$11\underline{000} \times 7\underline{00} = 77\underline{00000}$$
$$\quad\; 1\,2\,3 \qquad 4\,5 \qquad\quad 1\,2\,3\,4\,5$$

將 0 想像成會飛走的珍貴氣球,解題時要特別注意有幾個氣球,緊緊抓住,別讓氣球飛走!

練習題

1. 20×10,100 的答案後面有幾個 0?

2. 10,300×20 = ?

3. 2,000×40×700 = ?

速算背後的原理

結尾多一個 0,就會大 10 倍。例如,700 比 70 大 10 倍,70 比 7 大 10 倍。3×2 的答案是 6,30×2 的答案是 60(比 3×2 大 10 倍),300×2 或 30×20 的答案是 600(是 3×2 的 100 倍)。為什麼會這樣?就是因為數字結尾的 0!

計算企業的收入　　＋ － ✕ ÷

　　無論你現在是老闆，或未來可能是老闆，有個簡單的方法能幫你預估收入。假設去年你經營瓶裝水業務，共售出 7,982 瓶，每瓶售價 31 美元，那麼你總共賺了多少錢？先別拿計算機，我們可以簡單、快速計算一下。

　　首先，將數字四捨五入：7,982 四捨五入為 8,000，31 美元四捨五入為 30 美元。利用這個技巧，將 8,000 乘以 30 美元，答案是 24 萬美元。雖然不是 247,442 美元這麼精確的金額，但相差不多，只花幾秒鐘就能知道大概數字！

$$8\underset{1\ 2\ 3}{000} \times 3\underset{4}{0} = 24\underset{1\ 2\ 3\ 4}{0000}$$

9

丟掉直式乘法，畫表格！

如果你都是這樣算乘法：

$$\begin{array}{r} 213 \\ \times\ 72 \\ \hline \end{array}$$

那麼，是時候嘗試一下畫表格的方法了！這種方法捨棄了傳統的步驟，重點在於拆解數字，發掘其中樂趣。許多學校現在都在教這個方法，我們就來看看吧！

● ● ● ● ● ● ● ● ● ●

神奇的步驟

① 首先，畫個表格！表格的數量取決於相乘數字有幾位數。因為 213 有三位數，72 有兩位數，表格將有三行兩列（兩行三列也可以，但我偏好橫向繪製表格）。

213 x 72

以下是各種位數相乘的表格範例。請記住，每個數字的位數請與行或列相符！

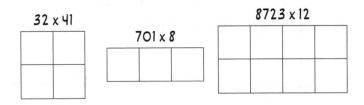

② 回到一開始的例子，將數字依位值拆解。例如，213=200+10+3、72=70+2。

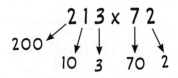

③ 現在，將這些數字寫在表格的邊上。請將正確的位數排在每個行列上（200、10 和 3 寫在三格的那邊，70 和 2 則寫在兩格的那邊）。

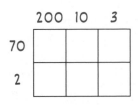

④ 將每個區塊周圍的數字相乘。尾數有 0 的大數字相
乘時（例如 70×200），只需將 0 前面的數字相乘
（7×2=14），再將相同數量的 0 加回答案（70 和
200 共有 3 個 0，所以要在 14 後面加三個 0，答案是
14,000）。

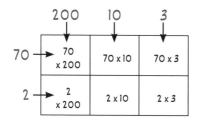

⑤ 最後，將表格中的所有數字相加，就是答案。

$$
\begin{array}{r}
14000 \\
700 \\
400 \\
+\ \ 210 \\
20 \\
6 \\
\hline
15,336
\end{array}
$$

　　你可能會想：「只是將兩個數字相乘，再將六個數字相加，為何這算是條捷徑？」請你閉上眼睛一秒鐘，試著在腦中計算 213×72──沒那麼容易吧？

　　但如果從 14,000 開始，加 700，加 400，加 210，然後加 20，再加 6，你將能輕鬆完成每一步。雖然步驟更多，但比起一次跳一大步，大腦更容易處理 6 個簡單的步驟！

練習題

1. 畫出 362×12,803 的表格。

2. 27×8,130 ＝？

3. 123×123 ＝？

速算背後的原理

　　畫表格是將兩個數字相乘的好方法，比起傳統方法，現在許多學校更喜歡畫表格法，因為表格法實際解釋了乘法運作的原理！

　　將數字依位值拆解後相乘，再全部相加，無論是寫下來或心算，這都是計算乘法的好方式，因為這個方法將問題拆解為容易處理的小區塊！

你旅行了多遠？

　　踏上旅程，無論你是騎單車、搭車、搭船或飛機，如果你能知道行駛速度和時間，就可以輕鬆估計走過的距離。

　　例如 2022 年 5 月，我搭飛機前往華盛頓特區參加妹妹的畢業典禮，以每小時 530 英里（每小時 853 公里）的平均速度飛行了 4 小時，我旅行了多遠？

　　利用畫表格法，將速度（每小時 530 英里）乘以時間（4 小時），很快就能算出答案！

	500	30	0
4	2,000	120	0

$$2000 + 120 = 2,120$$

　　以每小時 530 英里的平均速度旅行 4 小時後，總路程達 2,120 英里（3,412 公里）！

10

兩位數相乘，畫線就有答案

太多數字，感到厭煩了嗎？休息一下，利用接下來這個創意技巧，可以讓你的頭腦煥然一新。我將介紹一個全新計算乘法的方式——利用線條！

$$13 \times 21$$

● ● ● ● ● ● ● ● ●

神奇的步驟

① 我們將為乘法中的每個數字繪製一組線條。13×21 的第一個數字是 1，以 45 度角畫 1 條線，從左下到右上。

13 x 21

② 13×21 的下個數字是 3，在右下角畫 3 條跟步驟①直線平行的線。

13 x 21

③ 13×21 的第三個數字是 2。畫 2 條線，這次要垂直於之前畫的線。請記住，同一組數字的線是平行的，但不同數字的線是互相垂直的！

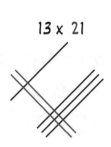

④ 13×21 的最後一個數字是 1，再畫 1 條線，跟步驟③畫的兩條線平行。現在，你有個旋轉 45 度的正方形，每邊都有線條。

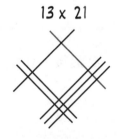

⑤ 看到線條彼此相交的地方嗎？接著畫 3 個圓圈，分成右、中、左 3 個部分。

⑥ 從右邊的圈開始，數出圈內有幾個相交點。這裡有 3 個交點，在圈下面寫一個 3。

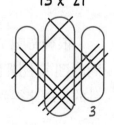

⑦ 向左移動，計算中間的圓圈內有幾個
　　交點。

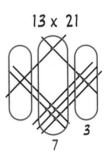

⑧ 最後，計算左邊圓圈中交點有幾個。

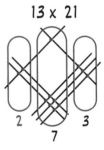

⑨ 將從左到右的三個數字組合起來，就
　　是答案！

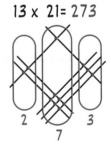

很神奇吧？這個技巧適用於任何兩位數，但如果中間的圈或右圈有 10 個或以上的相交點，則需要一個額外的步驟來得到答案。以 51×32 為例，畫好直線和圈，

並計算直線的交叉點後，數出中間圓圈有 13 個交點。

　　13 大於 9，因此保留個位數的 3，將十位數的 1 移至左側圓圈。

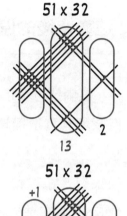

　　計算左圈的交叉點，將 13 的 1 加到最後的計數中。原本有 15 個交點，加上 1 後寫下 16。因為左邊已沒有圓圈，因此不再需要進位。

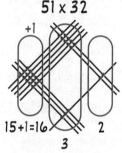

　　從左到右組合所有數字，就能得到答案！

$$51 \times 32 = 1632$$

練習題

1. 62×13= ？

2. 132×21= ？

3. 122×122= ？

速算背後的原理

這個技巧看起來就像變魔術，但原理其實很簡單——線條相交數就等於線條相乘的面積。例如，如果有 5 條線和 8 條線相交，就會有 40 個交點，因為 5×8=40。

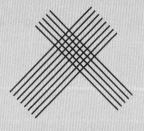

回到第一個例子，我們所做的就是先將 13 和 21 的十位數相乘，算出答案的百位位值。

$$\underline{1}3 \times \underline{2}1 = 2$$

然後將個位數相乘，解出答案的個位位值。

$$1\underline{3} \times 2\underline{1} = 2\_\_3$$

最後，我們將數字相鄰和較遠的相乘，相加後得到答案的十位值。關於這個部分，可參考本章第 6 節（第 112 頁）。

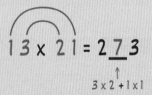

$$3 \times 2 + 1 \times 1$$

第 4 章

算除法不費力

　　除法曾經讓我很頭疼，尤其是在處理大數字或小數時，更不用說長除法！幸運的是，有些簡單的技巧可以讓除法變得更容易。本章將探討每天可以使用的除法技巧，讓你節省時間、減輕壓力。

　　在深入討論之前，先快速回顧一下除法的基本原理。

　　在上個章節中，我們學到乘法只是加法的重複。例如，5×2 就是 2 加 5 次。有了這個基本概念後，我們來聊聊什麼是除法？除法其實就是減法的重複！

$$5 \times 2 = 2 + 2 + 2 + 2 + 2 = 10$$

加法重複

　　以 $10 \div 2$ 為例，將 10 減去以 2 為一組的數字，直到達到

最終目標：0，即可算出答案。減去了多少次 2？正好 5 次！所以 10÷2 = 5。

$$10 ÷ 2 \rightarrow 10 - 2 - 2 - 2 - 2 - 2 = 0$$

減法重複 **5** 次

但就像玩遊戲一樣，算術也並不總是按計畫進行，有時我們不會得到完美的 0，會有餘數。餘數總是小於除數，這就是分數和小數存在的原因，這些東西讓數學世界變得更有趣。

$$10 ÷ 3 \rightarrow 10 - 3 - 3 - 3 = 1$$

餘數

= 3 餘1
= 3 1/3
= 3.333...

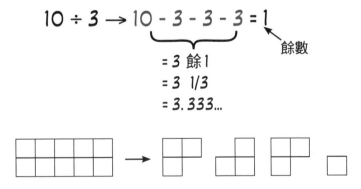

如果將一個數字除以 1/2 這樣的分數會如何？概念相同，只需將每個單位改為 1/2，接著不斷減去 1/2，直到結果為 0，就像把一塊蛋糕切成更小的塊狀。

$$10 \div \frac{1}{2} \rightarrow 10 - \frac{1}{2} - \frac{1}{2} - \frac{1}{2} - \frac{1}{2} - \frac{1}{2} - \frac{1}{2} - \frac{1}{2} - \frac{1}{2} - \frac{1}{2}$$

$$- \frac{1}{2} - \frac{1}{2} - \frac{1}{2} - \frac{1}{2} - \frac{1}{2} - \frac{1}{2} - \frac{1}{2} - \frac{1}{2} - \frac{1}{2} - \frac{1}{2} = 0$$

$$= 20$$

你能將一個數字除以 0 嗎？這個問題考倒了全世界，如果用計算機算，只會得到「錯誤」或「無法定義」的訊息。但你知道為什麼不能除以 0 嗎？讓我們以重複減法測試 10 除以 0 ！

$$10 \div 0 \rightarrow 10 - 0 - 0 - 0 - 0 - 0 - 0 - 0 - 0 - 0 - 0$$
$$- 0 - 0 - 0 - 0 - 0 - 0 - 0 - 0 - 0 - 0$$
$$- 0 - 0 - 0 - 0 - 0 - 0 - 0 - 0 - 0 - 0 = 無法定義$$

無論從 10 減去 0 多少次，10 永遠都不會減少為 0。就像試圖用叉子舀碗裡的水一樣，行不通！因此 10÷0 = 無法定義。

在深入研究除法技巧之前，還有最後一個重點要注意：只有將東西分成相同的部分時，除法才會成立。看看底下兩個蛋糕，雖然都切成 8 塊，但只有右邊的蛋糕平均分成 8 份。

腦筋急轉彎：如何只切 3 刀將蛋糕分成相同的 8 塊？試試看，看你能否想出解答！

如果想不出來，請查看本書後面的答案，以獲取有用的提示（請參考第 267 頁）。

既然你已經知道除法的原理了，接下來就一起深入研究小技巧，一勞永逸告別除法帶來的痛苦吧！

1

快速除以 5
（以及 0.5、50、500）

　　當數字以 5 或 0 結尾時，除以 5 是很容易的，如 $20 \div 5$ 或 $35 \div 5$。但是，其他數字除以 5（像是 $43 \div 5$、$91 \div 5$ 或 $807 \div 5$）又會如何呢？這是個大眾相當熟知的技巧，可以讓除法變得超級簡單！以 $43 \div 5$ 為例。

● ● ● ● ● ● ● ● ●

神奇的步驟

① 首先，將被除數（被拿來除的數字）加倍。　　　　$43 \times 2 = 86$

② 除以 10 後就是答案！任何數字除以 10，只需將小數點向左移一位即可。　　$86 \div 10 = 8.6$

　　現在給你一個挑戰——如何用相同的邏輯計算 43 除以 0.5、50 或 500？

43÷0.5　43乘以2就是答案，因此43÷0.5=86。

43÷50　先將43乘以2（43×2=86），然後除以100（86÷100=0.86）。

43÷500　先將43乘以2（43×2=86），然後除以1,000（86÷1,000=0.086）。

練習題

1. 32÷5= ?

2. 231÷50= ?

3. 4,200÷500= ?

速算背後的原理

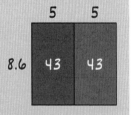

　　大腦最容易處理的數字是0、1、2、10和100。5=10÷2，將一個數除以5，等於先乘以2再除以10。利用0、1、2、10和100，兩步驟算出答案，會比用困難的數字一次算出答案簡單許多！

如何充分利用時間

籃球有五個關鍵位置：①控球後衛、②得分後衛、③小前鋒、④大前鋒和⑤中鋒。

明天我有 1.5 小時（90 分鐘）練習籃球。如果我想花同樣的時間，精進這五個位置的技巧，我應該在每個位置投入多少時間？

你可以直接算出 90÷5，也可以先將 90 乘以 2（90×2=180），然後除以 10（180÷10=18）。這表示我在每個位置各有 18 分鐘的時間可以練習！

2

如何使用番茄鐘工作法？
（以25為單位）

你利用過番茄鐘工作法（Pomodoro method）學習嗎？這是很有名的時間管理方法，以1980年代流行的番茄鐘命名，能降低困難任務的難度！

番茄鐘工作法的概念很簡單——學習25分鐘，休息5分鐘，不斷重複直到完成學習。假設讀書120分鐘，將有4次25分鐘的學習，加上中間的休息時間。

然而，如果我想跳過休息時間，120分鐘內能完成多少次25分鐘的學習？這個方法能讓你在腦中輕鬆算出答案！

$$120 \div 25$$

● ● ● ● ● ● ● ● ● ●

神奇的步驟

① 首先，將被除數乘以 4，本例中被除數為 120。

$$120 \times 4 = 480$$

② 再除以 100 後就是答案！任何數字除以 100，只需將
小數點向左移兩位即可。所以，$120 \div 25 = 4.8$。

$$480 \div 100 = 4.8$$

　　這意味著如果連續讀書 120 分鐘不休息，你將有 4.8
次 25 分鐘的學習時間。

　　現在，利用與前面步驟相同的邏輯，如何將數字除
以 0.25、2.5 和 250 ？

21÷0.25　21乘以4就是答案，因此21÷0.25=84。

121÷2.5　先將 121 乘以 4（121×4=484），然後除以
10（484÷10=48.4）。

702÷250　先將 702 乘以 4（702×4=2,808），然後除以
1,000（2,808÷1,000=2.808）。

練習題

1. $112 \div 25$

2. $1 \div 2.5$

3. $90 \div 250$

速算背後的原理

　　25＝100÷4，因此，將一個數字除以 25，就等於乘以 4 後除以 100。大腦比較容易處理 4 和 100，像這樣拆解後，除以 25 就會變得容易許多！

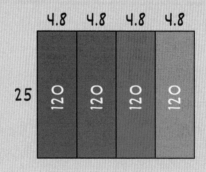

3

用 1.25 倍速播放影片，可以省多少時間？

你在看 YouTube 影片時會調整播放速度嗎？我承認，當影片中說話者語速太慢時，我常常以 1.25 倍的速度加速播放影片。

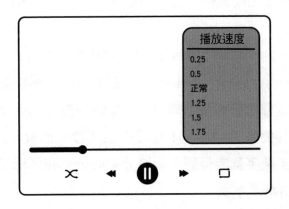

有一天，我發現自己在做以下的計算——如果以 1.25 倍速度觀看 7 分鐘的影片，我可以節省多少時間？

$$7 \div 1.25$$

● ● ● ● ● ● ● ●

神奇的步驟

① 首先，將被除數乘以 8。　　　　$7 \times 8 = 56$

② 接著再除以 10，這就是答
案！以 1.25 倍速觀看 7 分　　　$56 \div 10 = 5.6$
鐘的影片，只需 5.6 分鐘。

利用相同邏輯，將數字除以 0.125、12.5 和 125：

1÷0.125　要將 1 除以 0.125，只需將 1 乘以 8。$1 \times 8 = 8$，
因此 $1 \div 0.125 = 8$。為什麼不是除以 10 呢？想想看，0.125
換算成分數是多少？是 1/8！除以分數（$1 \div 1/8$）就是
乘以其倒數（1×8）！想獲得某個數的倒數，只要把 1
除以該數字就能得到；而將分數的分子和分母交換，就
是該分數的倒數。

90÷12.5　先將 90 乘以 8（$90 \times 8 = 720$），然後除以 100
（$720 \div 100 = 7.2$）。

400÷125　先將 400 乘以 8（$400 \times 8 = 3,200$），然後除以
1,000（$3,200 \div 1,000 = 3.2$）。

練習題

1. $100 \div 125 =$ ？

2. $25 \div 0.125 =$ ？

3. $30 \div 12.5 =$ ？

速算背後的原理

　　讓我們研究一下把某數除以 125 這件事。125 和 1,000 有什麼關係？ 1,000＝125×8！因此，將一個數字除以 125，就等於把這個數字乘以 8 再除以 1,000。雖然 1,000 是個很大的數字，卻很容易除，只需將小數點向左移動三格即可！

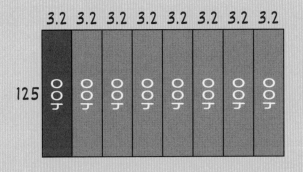

4

長除法總是卡關？試試新方法

長除法（直式除法）很有用，但你得承認它有時會讓人很痛苦。當除數很大時，計算就會變得很困難。例如，你會如何使用長除法來解出以下這個問題？

$$87 \overline{)\ 783}$$

你是否正在想 783 包含幾個 87 ？這不就違背了使用長除法的目的嗎？這裡告訴你一個好消息：可以使用一種稱為「部分商除法」（partial quotients method）的方法來解題。這個方法的最大優點，就是除了 2 和 10 的簡單乘法之外，不需要記得其他乘法表。

以下舉個簡單的例子：173 除以 13，嘗試用部分商除法算出答案。

$$13 \overline{)\ 173}$$

• • • • • • • •

神奇的步驟

① 像做長除法一樣寫出算式，但右邊向
下延伸一條線。接下來的步驟，我們
要嘗試減去除數（13）的倍數，將被
除數（173）降至 0。

$$13\overline{)173}$$

② 問自己：「13 乘以多少會小
於 173 ？必須是個簡單的數
字。」我不記得 13 的乘法
表，但我知道 13×10=130、
13×2=26。

$$13\overline{)173}$$

$$13 \times 10 = 130$$
$$13 \times 2 = 26$$

③ 選擇一個數字讓 173 減去，應該選
擇 130（13×10）還是 26（13×2）？
你要選擇小於 173 的 13 最大倍數，
所以選擇 130 ！選擇 26 當然也可
以，你最後會得到相同的答案，只
是步驟比較多。

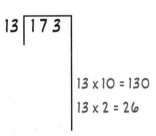

④ 重複相同步驟，問自己：「13 乘以多少會小於 43？必須是個簡單的數字。」這次，130 太大了，所以我們選擇 26。43 減 26 等於 17，我們很接近答案了！

```
13 | 173
     -130    10   13 x 10 = 130
     ———
       43
      -26    2    13 x 2 = 26
     ———
       17
```

⑤ 最後，問自己：「13 乘以多少會小於 17？必須是個簡單的數字。」13×1 如何？我們在左邊寫下 13，右邊是 1，17 減 13 等於 4。

```
13 | 173
     -130    10   13 x 10 = 130
     ———
       43
      -26    2    13 x 2 = 26
     ———
       17
      -13    1    13 x 1 = 13
     ———
        4
```

⑥ 當底部的數字（4）小於
　 除數（13）時，就完成
　 了！因為結尾不是 0，
　 所以會有餘數 4。將右
　 邊的所有數字相加就是
　 最終答案。173÷13 的答
　 案是 13 餘 4。若要將餘
　 數轉換為分數，將餘數
　 （4）除以除數（13），
　 得到答案 13 4/13。

```
13 | 173
     -130      10      10
     ─────
      43
     -26       2     + 2
     ─────
      17
     -13       1        1
     ─────            ─────
       4               13
```

$$173 \div 13 = 13 \ldots 4 = 13\frac{4}{13}$$

　　部分商除法的美妙之處在於方法
不只一個，而是有很多方法可以得到
答案。例如，你可以減去 13×2 後再
減去 13×1，也可以減去 13×1 三次。

```
13 | 173
     -130     10
     ─────
      43
     -13      1
     ─────
      30
     -13      1
     ─────
      17
     -13      1
     ─────
       4
```

你也可以不斷將 173 減去 13×1，直到算出答案。這樣可能要花比較多時間，但仍然行得通！

部分商除法的算法有很多種，走哪條路完全取決於你！

練習題

1. 82÷15= ？

2. 723÷80= ？

3. 850÷110= ？

```
13 | 173
      -13      1
    ─────
      160
      -13      1
    ─────
      147
      -13      1
    ─────
      134
      -13      1
    ─────
      121
      -13      1
    ─────
      108
      -13      1
    ─────
       95
      -13      1
    ─────
       82
      -13      1
    ─────
       69
      -13      1
    ─────
       56
      -13      1
    ─────
       43
      -13      1
    ─────
       30
      -13      1
    ─────
       17
      -13      1
    ─────
        4
```

速算背後的原理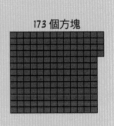

還記得我們曾說過，除法只是重複減法直到 0？例如，拆解 80÷10，就等於 80-10-10-10-10-10-10-10-10=0。80 減了 8 次 10，所以 80÷10=8。

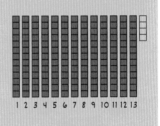

173 個方塊

在前面的例子中，我們將 173 個方塊分為 13 個方塊一組，如下圖所示。總共減去 13 幾次？13 次！然而，我們無法減到剩下 0，所以 173÷13=13 餘 4。

173 減 13 次 13 很無聊，可以用減去 13 的倍數來取代，例如 173-(10×13)-(2×13)-(1×13)=4。到最後，我們仍然減去 13 個 13，但這次是減去 3 組數字。這就是部分商除法背後的原理！

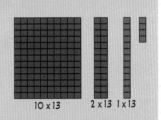

153

5

預測一個數字能否被 2 至 10 整除

你參加過黑客松（hackathon）嗎？這是程式設計師組隊參加的比賽，24 小時不睡覺，合力完成一個新軟體。這就像一場程式設計的馬拉松！

假設你正在策劃一場黑客松，一間會議室最多能容納 252 名程式設計師。每個隊伍由 6 名程式設計師組成，是否能將 252 名程式設計師完美的分成 6 人一組？

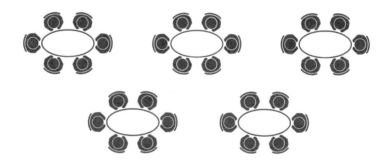

不需要猜測或計算，試試看整除的捷徑！將下列技巧記在心裡，你就能馬上知道某個數字能否被 2 至 10 整除。

當某個數字能被以下數字整除：

2：最後一位數字是偶數（0、2、4、6或8）。

3：所有數字加總後能被 3 整除。

4：最後兩位數能被 4 整除。

5：數字結尾是 5 或 0。

6：能同時被 2 和 3 整除。

7：將最後一位數字乘以 2，減去其他數字的總和，得到
　　的數字能被 7 整除或是 0。

8：最後三位數能被 8 整除。

9：所有數字加總後能被 9 整除。

10：結尾是 0。

　　讓我們以實際例子來驗證！

1,512是否能被下列數字整除？

2　✓　最後一位數是偶數（2），因此 1,512 能被 2 整除！

3　✓　將 1,512 的四位數字相加：1+5+1+2=9。9 能被 3
　　　　整除嗎？可以！因此，1,512 也能被 3 整除。

4　✓　1,512 的最後兩位數是 12。12 能被 4 整除嗎？可
　　　　以（12÷4=3）。因此，1,512 也能被 4 整除。

5 ✘　1,512 不是以 5 或 0 結尾，因此不能被 5 整除。

6 ✓　1,512 能同時被 2 和 3 整除嗎？是的，前面已有證明，因此 1,512 能被 6 整除！

7 ✓　將 1,512 的最後一位數字（2）加倍後是 4。1,512 去掉 2 後減去 4，151-4=147。147 能被 7 整除嗎？可以用長除法驗算，或再重複一次這個計算過程：將 147 的最後一個數字加倍後是 14。147 去掉 7 後減去 14，14-14=0。0 能被 7 整除嗎？是的！0 除以 7 就是 0。因此 1,512 能被 7 整除。

8 ✓　1,512 的最後三位數是 512。512 能被 8 整除嗎？可以用長除法（或我在第 148 頁提到的技巧！），512÷8=64。512 能被 8 整除，因此 1,512 能被 8 整除！

9 ✓　將 1,512 的四位數字分開後相加：1+5+1+2=9。9 能被 9 整除嗎？可以！因此 1,512 也能被 9 整除。

10 ✘　1,512 不以 0 結尾，所以不能被 10 整除。

你剛剛確定了 1,512 能被 2、3、4、6、7、8 和 9 整除。只要再多練習幾次，就能在幾秒鐘內算出答案！

練習題

下列數字能被 2、3、4、5、6、7、8、9 和 10 整除嗎？

1. 78

2. 864

3. 5,040

打造完美團隊

　　回到 252 位程式設計師組成黑客松的問題，252 位程式設計師能夠完美的分成 6 人一組嗎？

　　使用以上的技巧，我們知道 252 能被 2 整除，因為最後一位數字是偶數，也知道它可以被 3 整除，因為所有數字的總和能被 3 整除（2+5+2=9）。因此，252 能被 6 整除。6 人一組，會議室就能完美容納所有程式設計師！

第 5 章

算百分比的訣竅

50 的 23％是多少？

37 美元的餐廳帳單，要支付 18％的小費，是多少錢？

12,000 美元貸款、年利率 6％，要付多少利息？

這些問題讓你頭痛嗎？一起來解決這個問題吧！在本章中，你不僅會學到解題的方法，還能在腦中輕鬆解題。

首先，讓我們喚起你的記憶。什麼是百分比？百分比是分母為 100 的分數，1％等於 1/100，37％等於 37/100，而 100％等於 100/100，也就是 1。

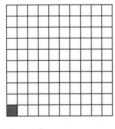

$$\frac{1}{100} = 1\%$$

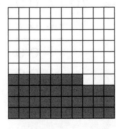

$$\frac{37}{100} = 37\%$$

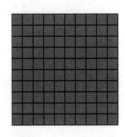

$$\frac{100}{100} = 100\%$$

　　那麼，分母不是 100 的分數，例如 7/20 呢？你仍然能以百分比的方式呈現——只需將分數轉換為分母是 100 的等值分數，或將分子除以分母。以下是四種轉換的方式！

$$\frac{7}{20} \rightarrow \frac{7}{20} \begin{array}{l} \times 5 \\ \times 5 \end{array} \rightarrow \frac{35}{100} \rightarrow 35\%$$

$$\frac{7}{20} \rightarrow 7 \div 20 \rightarrow 7 \div 2 \div 10 \rightarrow 3.5 \div 10 \rightarrow 0.35 \rightarrow 35\%$$

$$\frac{7}{20} \rightarrow 20\overline{)7} \rightarrow 20\overline{)7.00} \rightarrow 35\%$$

$$\begin{array}{r} .35 \\ 20\overline{)7.00} \\ -60\downarrow \\ \hline 100 \\ -100 \\ \hline 0 \end{array}$$

　　百分比（percent）源於拉丁語的 per centum，per 的

意思是「每個」，centum 的意思是「100」，放在一起就表示「每 100」。

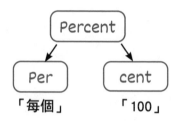

拉丁詞根 centum（cent）解釋了為何 1 美元等於 100 美分（cent）、1 世紀（century）等於 100 年、1 公尺等於 100 公分（centimeter）。一切都有關聯，就像以 100 為單位所組成的層層網絡。

1 美元 = 100 x (¢) 美分

1 世紀 = 100 x 🗓 年

1 公尺 = 100 x 📏 公分

現在，你已經明白了百分比的意思，接下來就透過一些技巧來輕鬆解題！

1

反轉百分比：乘法的交換率

這個技巧將永遠改變你的解題方式，準備好了嗎？讓我鄭重介紹……反轉百分比。這個技巧會讓困難的百分比問題變得簡單，讓你在幾秒鐘內成功解題！

50 的 16%

● ● ● ● ● ● ● ● ●

神奇的步驟

① 將拿來乘以百分比的數字，跟百分比的數字交換。

50 的 16% = 16 的 50%

② 算出反轉後的算式，完成！所以，16 的 50% 是 16 的一半，也就是 8！

16 的 50% = 16 x 1/2 = 8

嚇到了嗎？再來一個題目：25 的 36％是多少？這看起來很難，但 25 的 36％跟 36 的 25％其實是一樣的，36÷4=9。很棒吧！

$$25 \text{ 的 } 36\% = 36 \text{ 的 } 25\% = 36 \div 4 = 9$$

這個技巧改變了遊戲規則，但也有局限性，因為反轉百分比後未必都會變得更簡單。例如，將 73 的 28％反轉為 28 的 73％，並不會更容易解題！

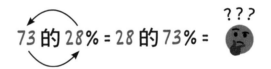

73 的 28% = 28 的 73% = ？？？

如果百分比的數字是像 10、20、25、50、75 和 100 等 5 的倍數，反轉百分比的效果最佳。

練習題

1. 200 的 23％

2. 20 的 15％

3. 75 的 12％

速算背後的原理 ＋－✕÷

　　試試在不反轉百分比的情況下，算出 50 的 16％。先列出 16％✕50 後轉換為分數（也可以將 16％轉換為小數 0.16 來解題，但在這個例子中我會使用分數）。

$$16\% \times 50 = \frac{16}{100} \times \frac{50}{1} = \frac{16 \times 50}{100 \times 1}$$

　　數字相乘的順序並不影響結果，這就是乘法的「交換律」。例如 3✕5=5✕3。這點很重要，因為可以將其應用到目前的問題，並將分子中的 16✕50 切換為 50✕16。

$$\frac{16 \times 50}{100 \times 1} = \frac{50 \times 16}{100 \times 1}$$

　　往回推，將分數拆解，轉換回百分比。你剛剛證明了 50 的 16％ =16 的 50％！

$$\frac{50 \times 16}{100 \times 1} = \frac{50}{100} \times \frac{16}{1} = 16 \text{ 的 } 50\%$$

快速計算小費

你正在享受一頓美味佳餚，費用是 49.28 美元。你想給 18％小費，如何當場預估小費金額？

為了簡化計算，先將帳單簡化為 50 美元，再計算 50 美元的 18％！

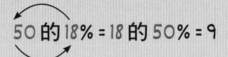

50 的 18% = 18 的 50% = 9

2

有 0 的百分比，一步驟就有解

20 的 70%

60 的 40%

90 的 30%

仔細研究這 3 個問題，你觀察到什麼？所有數字和百分比都是兩位數、10 的倍數。這種情況下，只需一個簡單步驟即可解題！以 40 的 70% 為例。

● ● ● ● ● ● ● ● ●

神奇的步驟

① 將兩個數字的第一位數字相乘。就是這麼簡單！

40 的 70% = 28 → (4 x 7)

讓我們繼續挑戰。如果把兩位數變成一位數，例如 9 的 40%？第一步跟前面一樣，將兩個數字的第一位數

字相乘（4×9=36），但這次要將結果再除以 10，答案為 3.6（只需將小數點向左移一位）。

$$9 \text{ 的 } 40\% = 3.6 \rightarrow (9 \times 4 \div 10)$$

練習題

1. 20 的 90%

2. 500 的 30%

3. 8 的 80%

速算背後的原理

為了算出 80 的 30%，先將所有數字轉換為分數。

$$30\% \times 80 = \frac{30}{100} \times \frac{80}{1} = \frac{30 \times 80}{100 \times 1}$$

刪除分子和分母的公因數能簡化分數，所以劃掉分子和分母各兩個零，分數簡化為 3×8，等於 24！

$$\frac{3\cancel{0} \times 8\cancel{0}}{10\cancel{0} \times 1} = \frac{3 \times 8}{1 \times 1} = 3 \times 8 = 24$$

折扣能省多少錢？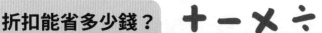

假設你在農夫市集購買手
工製作的串珠手鍊。

原價 80 美元的手鍊，現
在有折扣 30％，這樣能讓你
省下多少錢？將前兩位數字相乘（3×8=24），即可輕
鬆算出 80 的 30％。表示購買手鍊只需支付 56 美元，能
省下 24 美元！

$$80 \text{ 的 } 30\% = 24 \rightarrow (8 \times 3)$$

再挑戰一題：價值 800 美元的手鍊、折扣 30％後能
省下多少錢？這次，還是將兩個數字的第一位數字相乘
（3×8=24），但在後面加上一個 0，得到答案。你能省
下 240 美元！

$$800 \text{ 的 } 30\% = 240 \rightarrow (8 \times 3 \times 10)$$

3

分割計算，複雜變簡單

誰不喜歡好處理的百分比問題？例如計算任何數字的 10% 或 50%。但其實，每個百分比問題都可以很簡單，只要將百分比拆解為更簡單的數字，例如 50%、10%、5% 或 1%。

接下來，試試看解出 80 的 26%。

● ● ● ● ● ● ● ● ● ●

神奇的步驟

① 首先，將百分比分解為簡單的 50%、10%、5 和 1%。26=10+10+5+1，因此可以將 26% 分解為 10%、10%、5% 和 1%。

10%
10%
5%
1%

② 從 80 的 10% 開始，算出每個較小百分比的答案。要算出某個數字的 10%，只要將小數點向左移一位即可。

10% → 8
10% → 8
5%
1%

③ 算出 80 的 10％，就可以輕鬆算出
80 的 5％。因為 5 是 10 的一半，
80 的 5％就是 80 的 10％的一半。
8 的一半就是 4 ！

10% → 8
10% → 8
5% → 4
1%

④ 最後，算出 80 的 1％，只需將 80
的小數點向左移兩位。

10% → 8
10% → 8
5% → 4
1% → 0.8

⑤ 將剛剛計算出的所有百分比結
果相加，即可得到最終答案！
80 的 26％ =8+8+4+0.8=20.8 ！

10% → 8
10% → 8   +
5% → 4
1% → 0.8

= 20.8

練習題

1. 48 的 25％

2. 60 的 31％

3. 50 的 19％（挑戰把 19％拆解成 20%-1％來計算）

速算背後的原理

你可以這樣想：典型的浴缸可以容納 303 公升的水。如果你只裝了容量的 26%，就是用了大約 79 公升的水。

但你可以選擇不一次到位，而是分成好幾次，慢慢裝到浴缸的 26%。首先，裝到浴缸的 10%（等於 30.3 公升的水），再裝 10%，然後 5%（15.1 公升），最後是剩下的 1%（3 公升）。慢慢加水後，浴缸內就會有 26% 的水！

計算你的投資收盆

　　這個技巧隨時都能派上用場。以股票投資為例，假設你大膽買了價值 500 美元的微軟（Microsoft）股票。一年後，股票漲了 13％，真是不錯！所以，你的投資組合賺了多少錢呢？

　　想要弄清楚微軟股票增值多少，只要算出 500 美元的 13％即可。拆解百分比，簡單的將 13％分成 10％、1％、1％、1％，分別計算後再相加！因此，你的股票總共增加了 65 美元，投資組合總值達到 565 美元！

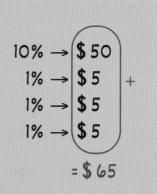

4

把文字描述寫成數學算式

你遇過用字面描述的百分比問題嗎？例如：

80 的 25% 是多少？

什麼數字的 15% 是 6？

50 的百分之多少是 12？

將這些字面描述轉化為數學公式，可能是場惡夢，但有個技巧可以讓它變簡單。留意這三個神奇的字：「的」、「是」和「什麼」。知道這個訣竅後，你將不再感到困惑！

神奇的步驟

　　以下是利用這個訣竅，解出「80 的 25% 是多少？」的步驟。

① 將「多少」替換為問號（？）。

$$80\ 的\ 25\%\ 是\ 多少\ ?$$
$$\downarrow$$
$$?$$

② 將「是」替換為等號（＝）。

$$80\ 的\ 25\%\ 是\ 多少\ ?$$
$$\downarrow\quad\downarrow$$
$$=\quad ?$$

③ 數字 25% 照抄。

$$80\ 的\ 25\%\ 是\ 多少\ ?$$
$$\downarrow\quad\downarrow\quad\downarrow$$
$$25\%\quad =\quad ?$$

④ 將「的」替換為乘號（×）。

$$80\ 的\ 25\%\ 是\ 多少\ ?$$
$$\downarrow\quad\downarrow\quad\quad\downarrow\quad\downarrow$$
$$x\quad 25\%\quad =\quad ?$$

⑤ 數字 80 照抄。

80 的 25% 是多少？

↓　　↓　　↓　　　↓　　　↓

80　×　25%　　=　　？

⑥ 透過這些步驟，已將「80 的 25% 是多少？」轉換為「80×25% = ？」只要算出問號就能得到答案！

以下是透過這個訣竅，將文字轉換成方程式的兩個範例：

什麼數字的 15% 是 6？

↓　　　　↓　　↓　↓　↓

？　　　　×　15%　=　6

50 的百分之多少是 12？

↓　↓　　　↓　　　↓　↓

50　×　　　？　　　=　12

練習題

1. 75 的 40％是多少？

2. 20 是 50 的百分之多少？

3. 20 的 70％是多少？

速算背後的原理

用問號代替「什麼」是很直觀的，但為什麼「的」的意思是乘，而「是」的意思是等於呢？

讓我們從「的」開始。日常對話中，你可能常常無意識的使用「的」來代表乘法！以下舉例說明。假設你攜帶 3 個袋子，每個袋子有 2 瓶水，總共攜帶了多少瓶水？我們會說是「各裝了 2 瓶水的 3 個袋子」，轉換成算式就是 3×2，總共 6 瓶。

那麼「是」呢？「是」本質上意味著「等於」。例如「12 的 5% 是多少？」意思與「12 的 5% 等於多少？」相同；「3 加 5 等於 8」意味著「3+5=8」這個算式。「是」這個字強調等式的左邊等於右邊。

如何用新進資金估算公司價值

假設你創辦了一個線上服裝品牌,銷售由永續竹纖維製成的襯衫。業務快速成長,你打算開設第一家實體店面,需要額外的資金,而你的投資者決定投資 50,000 美元,交換公司 20％的股份。

如果 50,000 美元相當於公司 20％的股份,那麼公司價值多少?讓我們把這句話翻譯成一個等式——50,000 美元是多少錢的 20％?

算出問號後,就能得知公司價值 250,000 美元!

50,000 美元是多少錢的 20％？

↓		↓	↓	↓	↓
$50,000		=	?	x	20%

$$\$ 50,000 = 20\% \text{ x } ?$$
$$\div 0.2 \qquad \div 0.2$$
$$\$ 250,000 = ?$$

第6章
進階技巧：平方、立方和開根號

你能不用計算機，就算出這些平方和平方根的答案嗎？

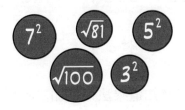

如果記得 2 到 10 的乘法表，這些問題應該很簡單。但是，類似下列的更大數字，或是立方和、立方根呢？立方指的是一個數字乘以 3 次，而一個數字的立方根，則是將某個數值乘以 3 次後得到這個數字。

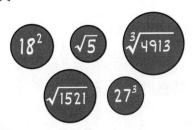

別被這些數字嚇到！這看似很難解，但讀完本章時，你一定能不假思索說出答案！

不相信嗎？先透露一點——數字平方或立方時，最後一位數就等於原始數字最後一位數字的平方或立方。這是個超級簡單的驗算方式，確保你的計算方向正確。想知道背後的數學原理嗎？繼續閱讀即可找到答案！

$$73^2 = 5329 \qquad 12^3 = 1728$$
$$\uparrow \qquad\qquad\qquad \uparrow$$
$$3^2 = 9 \qquad\qquad 2^3 = 8$$

現在，你已經知道乘法只是加法的重複，而除法是重複減法直到零。那指數呢？指數就是乘法的重複！以 2^3 為例，就是 2 乘以 3 次！

$$2^3 = 2 \times 2 \times 2 = 8$$

指數成長快速，會類似曲棍球棒的形狀，通常用來表示投資的成長、網路的病毒式傳播和疾病的傳播。

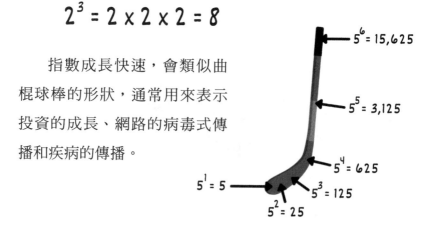

$5^6 = 15,625$

$5^5 = 3,125$

$5^4 = 625$

$5^3 = 125$

$5^1 = 5$

$5^2 = 25$

例如，假設你在 YouTube 發布影片後，有 2 個觀看數。如果這 2 個人將影片轉發給另外 2 個人，這些人再分別轉發給另外 2 個人，你的影片將開始病毒式傳播！

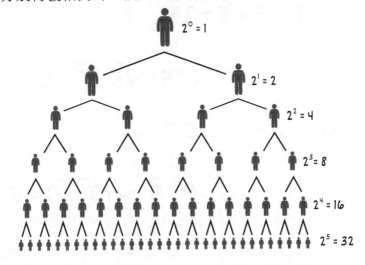

以下先介紹一些術語。2^3 中的 2 稱為底數（base），3 稱為指數（exponent），整個過程稱為次方（power）。我們主要是處理指數 2 和 3，因此給它們取了特殊名稱——平方和立方。

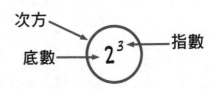

若想反向求出一個數字平方或立方後的底數，只需取該數字的平方根或立方根。

$$5^2 = 5 \times 5 = 25$$

$$\downarrow$$

$$\sqrt{25} = \sqrt{5 \times 5} = 5$$

$$10^2 = 10 \times 10 = 100$$

$$\downarrow$$

$$\sqrt{100} = \sqrt{10 \times 10} = 10$$

到這裡，你已經掌握了基礎知識，現在就讓我們繼續深入研究，享受其中的樂趣吧！

1

快速計算 1～99 平方

你參觀過紐約市的公寓嗎？如果你有類似經驗，一定會同意我的感想：這些公寓真的很小！

紐約市典型的單間公寓，長、寬約 20 ～ 25 英尺（6.1 ～ 7.6 公尺），由於物價上升，租金價格也一路上漲——每平方英尺的租金大約 5 美元。

如果你正在考慮租一間 21×21 英尺（6.4×6.4 公尺）的公寓，每月合理的租金是多少？

為了解決這個問題，我們先計算平方英尺（21^2）面積，然後乘以 5 美元。

$$21^2$$

• • • • • • • • •

神奇的步驟

① 將答案分為三個部分：第一個
部分、中間部分和最後部分。

$$21^2 = \underline{\quad}\ \underline{\quad}\ \underline{\quad}$$

第一個部分　中間部分　最後部分

② 將十位數（2）平方後放在
第一個部分。

$$\textcircled{2}1^2 = \underline{4}\ \underline{\quad}\ \underline{\quad}$$
$$\uparrow$$
$$2^2$$

③ 將個位數（1）平方後放在
最後部分。

$$2\textcircled{1}^2 = \underline{4}\ \underline{\quad}\ \underline{1}$$
$$\uparrow$$
$$1^2$$

④ 將十位數和個位數相乘後，
再乘以 2（2×2×1=4），
把結果放在中間部分。

$$\textcircled{21}^2 = \underline{4}\ \underline{4}\ \underline{1}$$
$$\uparrow$$
$$2(2 \times 1)$$

⑤ 檢查最後部分或中間部分是否有兩位數。如果有，就

要將十位數進位。在這個例子中，這兩個部分都只有個位數，因此不需要進位，得到答案！

$$21^2 = 441$$

那麼，紐約市一間 21×21 英尺的單間公寓租金大約多少錢？公寓面積是 441 平方英尺（40.96 平方公尺，約 12 坪），租金每平方英尺約 5 美元，441×5 美元 = 每月租金 2,205 美元（約新臺幣 69,000 元）。以這樣一個小空間而言，價格實在太高了吧？

再舉個例子，練習一下進位的問題。當中間或最後部分出現兩位數時，就必須進位。

$$43^2$$

① 跟之前的步驟相同，將答案分成三個部分。

$$43^2 = \underset{\substack{第\\一\\個\\部\\分}}{\underline{}}\ \underset{\substack{中\\間\\部\\分}}{\underline{}}\ \underset{\substack{最\\後\\部\\分}}{\underline{}}$$

② 將十位數（4）平方後，放在
答案的第一個部分。

$$④3^2 = \underline{16} \ \_\_ \ \_\_$$
$$\uparrow$$
$$4^2$$

③ 將個位數（3）平方後，放在
答案的最後部分。

$$4③^2 = \underline{16} \ \_\_ \ \underline{9}$$
$$\uparrow$$
$$3^2$$

④ 將十位數與個位數相乘後，
再乘以 2（2×4×3=24），把
結果放在答案的中間部分。

$$④3^2 = \underline{16} \ \underline{24} \ \underline{9}$$
$$\uparrow$$
$$2(4 \times 3)$$

⑤ 檢查一下最後部分是否有兩位數。沒有！中間部分
呢？有！中間部分有個兩位數的數字（24），保留個
位數（4）並將十位數（2）進位，加到左側的第一個
部分（16+2=18）。所以，最後的答案是 1,849。第
一個部分變成兩位數是很正常的，這常常發生！

$$43^2 = \overset{+2}{\underline{16}} \ \underline{4} \ \underline{9} = 1849$$

練習題

1. 13^2

2. 32^2

3. 72^2

速算背後的原理

讓我們用代數來解釋 21^2。

將 21 以 10a+b 表示，a 是十位數，b 是個位數（a=2、b=1）。平方後變成 $(10a+b)^2=100a^2+20ab+b^2$。方程式中的三個代數，分別代表答案的三個部分：第一個部分是 $100a^2$，中間部分是 20ab，最後部分是 b^2。第一個部分的 100 和中間部分的 10，分別代表百位和十位數。

這也可以從幾何角度來解釋，將算式用 21×21 的正方形表示。

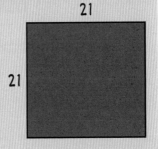

為了算出正方形的面積，我們可以將正方形切分成小長方形（21=20+1），計算每個迷你長方形的面積，並將所有面積相加，即可得到總面積。就像拼圖一樣！

這些迷你長方形面積總和為：$20^2+2(20\times1)+1^2$，跟$100a^2+20ab+b^2$這個等式相同！

$$21^2 = 400 + 20 + 20 + 1 = 441$$

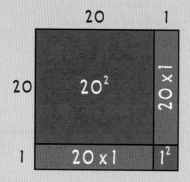

透過代數和幾何，就能用快速、簡單的方式計算兩位數的平方。你可以用不同數字算算看，檢視自己的上手程度。

2

心算 999 平方，驚呆！

你已經掌握快速計算 1 ～ 99 平方的方法。現在，準備好提升到更高的層次，將 100 ～ 1,000 的數字平方嗎？其實，這跟上一個技巧邏輯相同，只是稍作一點改變。

$$504^2$$

● ● ● ● ● ● ● ● ●

神奇的步驟

① 將答案分為三個部分：第一個部分、中間部分和最後部分。

$$504^2 = \underset{\substack{第 \\ 一 \\ 個 \\ 部 \\ 分}}{\underline{}}\ \underset{\substack{中 \\ 間 \\ 部 \\ 分}}{\underline{}}\ \underset{\substack{最 \\ 後 \\ 部 \\ 分}}{\underline{}}$$

② 將百位數（5）平方後放在第一個部分。

$$⑤04^2 = \underset{\underset{5^2}{\uparrow}}{25}\ \underline{}\ \underline{}$$

③ 將十位數加個位數（504 的 04）一起平方（4^2=16），並將結果放在最後部分。

$$5\!\left(\!04\!\right)^2 = \underline{25} \quad \underline{\underset{\underset{4^2}{\uparrow}}{16}}$$

④ 將百位數（5）與十位數加個位數的數字（04）相乘，然後乘以 2（2×5×4=40），放在答案的中間部分。

$$\left(\!504\!\right)^2 = \underline{25}\ \underline{\underset{\underset{2(5\times4)}{\uparrow}}{40}}\ \underline{16}$$

⑤ 檢查最後部分或中間部分是否有三位數。如果有，則將百位數往左進位。在這個例子中，這兩個部分都只有兩位數，不需要進位，所以 504^2=254,016！

$$504^2 = 254016$$

我們竟能在腦中計算出 254,016 這麼大的數字！想像一下，當你在朋友面前這樣做時，他們的反應會如何——這可是金錢買不到的成就感！

我們再試試一個有進位的例子。

$$312^2$$

● ● ● ● ● ● ● ● ●

神奇的步驟

① 將答案分為三個部分：第
　一個部分、中間部分和最
　後部分。

$$312^2 = \underset{\substack{第\\一\\個\\部\\分}}{\rule{1em}{0.4pt}}\ \underset{\substack{中\\間\\部\\分}}{\rule{1em}{0.4pt}}\ \underset{\substack{最\\後\\部\\分}}{\rule{1em}{0.4pt}}$$

② 將百位數（3）平方後放在
　第一個部分（$3^2=9$）。

$$③12^2 = \underset{\uparrow\atop 3^2}{9}\ \rule{1em}{0.4pt}\ \rule{1em}{0.4pt}$$

③ 將十位數加個位數（312 的
　12）一起平方（$12^2=144$），
　並將結果放在最後部分。

$$3⑫^2 = 9\ \rule{1em}{0.4pt}\ \underset{\uparrow\atop 12^2}{144}$$

④ 將百位數（3）與十位數加個位數的數字（12）相乘，
再乘以 2（2×3×12=72），放在答案的中間部分。

$$312^2 = \underline{9}\ \underline{72}\ \underline{144}$$

$$\uparrow$$
$$2(3 \times 12)$$

⑤ 檢查一下最後部分是否有三位數。是的（144）！因
此，保留個位和十位數（44），將百位數（1）向左
進位，加到下一部分（72+1=73）。中間部分有三位
數嗎？沒有！解題完成，最終答案是 97,344。記住，
第一個部分可以有三位數，那是沒問題的！

$$312^2 = \underline{9}\ \overset{+1}{\underline{72}}\ \underline{44} = 97344$$

練習題

1. 111^2

2. 132^2

3. 541^2

速算背後的原理

　　前面計算兩位數的平方時，我們將兩位數用代數 $10a+b$ 表示，其中 a 是十位數，b 是個位數（例如 21，a=2、b=1）。

　　同樣的，當我們計算三位數的平方時，可以用 $100a+b$ 表示，其中 a 是百位數，b 是十位數和個位數的組合（例如 312，a=3，b=12）。算式等於 $10{,}000a^2+200ab+b^2$，其中第一個部分是 $10{,}000a^2$，中間部分是 $200ab$，最後部分是 b^2。

　　這也可以從幾何角度解釋，將算式用 312×312 的正方形表示。

　　為了算出正方形的面積，我們可以將正方形分成小長方形（312=300+12）。計算每個迷你長方形的面積，並將所有面積相加，即可得到總面積。

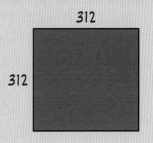

迷你長方形面積總和為：$300^2+2(300×12)+12^2$，跟前面 $10,000a^2+200ab+b^2$ 這個等式相同！

$$312^2 = 90000 + 3600 + 3600 + 144 = 97344$$

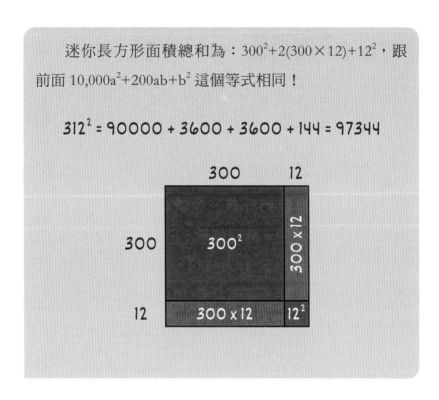

3

3 秒算出個位數為 5 的兩位數平方

當我說：「只要 3 秒，就能算出個位數為 5 的兩位數平方。」我的意思是真的只要 3 秒。想知道如何辦到嗎？以下就是祕訣！

$$35^2$$

● ● ● ● ● ● ● ● ●

神奇的步驟

① 首先，將十位數（3）乘以自己加 1
（3×[3+1]=3×4=12）。

$$(3)5^2 = \underline{12}$$
$$\uparrow$$
$$3 \times 4$$

② 在後面加上數字 25，這就是答案！　$35^2 = 1225$

很簡單吧？現在，你能多快算出 75^2？7 乘以自己加 1（7×8=56），在最後加上 25，算出 5,625。記得在答案後面加上數字 25，就像在蛋糕上加上精華的櫻桃！

練習題

1. 25^2

2. 55^2

3. 95^2

速算背後的原理

讓我們用代數方法解 35^2。

將 35 以 10a+b 表示，a 是十位數，b 是個位數（a=3、b=5）。平方時，會得出算式 $(10a+b)^2=100a^2+20ab+b^2$。因為在計算個位數為 5 的兩位數平方時，b 始終為 5，可以將其簡化為 $100a^2+100a+25$。

如果你仔細研究，就會發現百位數是 a(a+1)，即題目的十位數字乘以自己加 1 的數字，以及答案的十位及個位數永遠是 25！很酷吧？

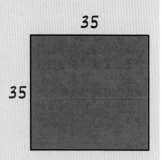

這也可以從幾何角度解釋，將算式用 35×35 的正方形表示。

為了算出正方形的面積，我們將正方形切分成小長方形（以十位數和個位數分割），計算每個迷你長方形的面積，相加後即可得到總面積。

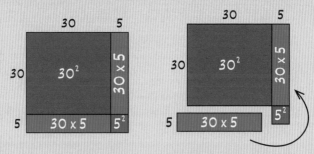

移動方塊，建立一個新的長方形（30×40=1,200）和一個額外的小正方形（5×5=25）！就如同玩俄羅斯方塊！

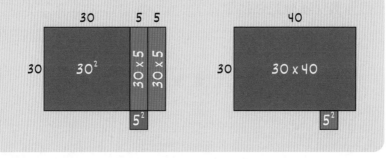

4

投資 3 年能賺多少？

恭喜你，我的朋友！你來到了最長、最具挑戰性，但也最有收穫的這一章。花點時間感謝自己走了這麼遠！如果你準備好接受重大挑戰，請繼續努力，我將教你如何透過網格在腦中計算立方的技巧。

你會如何在腦海中計算 12 的立方？首先，你必須知道數字 1 到 9 的立方，相信我，這是值得的！

在以下解出 12^3 的步驟中，請隨意參考右邊的立方表。透過一些練習，相信你很快就會記住這張表！

$1^3 = 1$

$2^3 = 8$

$3^3 = 27$

$4^3 = 64$

$5^3 = 125$

$6^3 = 216$

$7^3 = 343$

$8^3 = 512$

$9^3 = 729$

● ● ● ● ● ● ● ● ● ●

神奇的步驟

① 將數字的十位數以 a 表示，個
位數以 b 表示。範例中的數字
12，a=1、b=2。

② 畫個網格，在裡面寫下 a^3、
a^2b、$2a^2b$、ab^2、$2ab^2$ 和 b^3。
這個網格將幫助我們輕鬆拆解
乘法過程，多練習，你就可以
在腦中完成計算。你注意到其
中的規則了嗎？第二列的項目
（$2a^2b$、$2ab^2$）是第一列（a^2b、
ab^2）的兩倍！記得這一點，
稍後會派上用場。

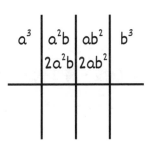

③ 因為 12 中的 a=1，將 1 代入
每個 a 中，網格中的項目將隨
之簡化──若一個數字的第一
個或最後一個數字是 1，更容
易算出它的立方！

④ 因為 12 中的 b=2，我們可以將 2 代入每個 b。建議從第一行開始，從左到右代入數字。

1	2	b^2	b^3
	2b	$2b^2$	

⑤ 接下來，將 2 代入第三行的 b^2。代入 2 得到 $2^2=2\times2=4$。

1	2	4	b^3
	2b	$2b^2$	

⑥ 最後，將 2 代入第四行的 b^3。$2^3=2\times2\times2=8$。

1	2	4	8
	2b	$2b^2$	

⑦ 現在輪到第二列。你可以再次將 2 代入每個 b，但是有個更快的方法。步驟 2 時，我們已經發現第二列是第一列的兩倍！所以，你可以不用將 2 代入每個 b，而是直接將第一列的數字加倍。先將第二行的 2 乘以 2 得到 4。

1	2 x 2 ↓ 4	4	8
		$2b^2$	

⑧ 最後，將第三行的 4 加倍，
得到 8。

⑨ 現在，只要將所有數字相
加即可得到最終答案。
第一列的數字是 1,248，
第二列的數字是 480，按
照傳統方式從右到左相
加。兩個數字相加時，
如果任何一行（除了最
左邊）加起來等於或大
於 10，保留個位數並將
十位數往左進位！在第
三行中，4+8=12，保留
2 並將 1 進位到第二行。

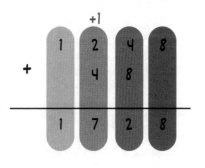

⑩ 將剛剛相加的所有數字組合起
來，即可獲得最終答案。

$$12^3 = 1728$$

是不是很棒？再挑戰看看需要更多進位的題目。這會比較花時間，但別擔心，我會指導你進行每一步。記住，關鍵是一步一步來，不要被打敗！

$$23^3$$

● ● ● ● ● ● ● ● ● ●

神奇的步驟

① 畫出網格。這裡的例子中，$a=2$、$b=3$

a^3	a^2b	ab^2	b^3
	$2a^2b$	$2ab^2$	

② 和上個例子一樣，從左到右將 $a=2$、$b=3$ 代入，從第一列的 a^3 開始，$2^3=2\times2\times2=8$。

8	a^2b	ab^2	b^3
	$2a^2b$	$2ab^2$	

③ 接下來代入 $a^2b=2^2\times3=12$。12 是兩位數，但每個欄位只能有一位數，因此保留個位數（2），並將十位數（1）往左進位。

+1

8	2	ab^2	b^3
	$2a^2b$	$2ab^2$	

④ 接下來 $ab^2=2\times3^2=18$。同樣的，因為 18 是兩位數，保留個位數（8）並將十位數（1）往左進位。

+1	+1		
8	2	8	b^3
	$2a^2b$	$2ab^2$	

⑤ 第一列最後一行 $b^3=3^3=3\times3\times3=27$。保留個位數（7）並將十位數（2）往左進位。

+1	+1	+2	
8	2	8	7
	$2a^2b$	$2ab^2$	

⑥ 輪到下面這一列！第二列第二行是 12 的 2 倍 24（你也可以計算 $2a^2b=2\times2^2\times3=24$）。保留 4，將 2 往左進位。

	+2		
+1	+1	+2	
8	2	8	7
	↓4	$2ab^2$	

⑦ 最後，將 18 乘以 2 得到 36（或計算 $2ab^2=2\times2\times3^2=36$）。保留 6，將 3 往左進位。

	+2	+3	
+1	+1	+2	
8	2	8	7
	4	↓6	

⑧ 你填滿整個網格了！現在
是最簡單的部分，將每列
的所有數字相加。從右到
左的第二行和第三行，數
字加起來都是兩位數（16
和11），請保留個位數並
將十位數往左進位！

⑨ 將所有數字相加，得到最終
答案。你做到了！

$$23^3 = 12167$$

練習題

1. 11^3

2. 17^3

3. 32^3

速算背後的原理　

　　當我們求某個數字的平方時，可以用正方形表示；當我們計算數字的立方時，可以用什麼表示？立方體！

　　要如何算出立方體的體積？方法之一是將它切割成更小的方塊，算出每個方塊的體積，之後全部加在一起。但是，要如何裁切立方體？方法有很多種，最簡單的方法是依照位值往下拆。

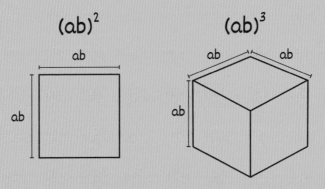

　　將數字12以代數10a+b表示，其中a是十位數（1），b是個位數（2），將其立方並展開二項式時，會得到 $(10a+b)^3 = 1,000a^3 + 300a^2b + 30ab^2 + b^3$。

$$(10a + b)^3 = 1000a^3 + 300a^2b + 30ab^2 + b^3$$

這個方程式是不是看起來很熟悉？拆解 $300a^2b$ 和 $30ab^2$，將得到 $1{,}000a^3+200a^2b+100a^2b+20ab^2+10ab^2+b^3$。這六個項目跟網格中相加的六個項目相同（前面的係數決定了它們在千位、百位、十位的哪個位值）！

$$(10a + b)^3 = 1000a^3 + 200a^2b + 100a^2b + 20ab^2 +10ab^2 + b^3$$

a^3	a^2b	ab^2	b^3
	$2a^2b$	$2ab^2$	

為什麼要把 $300a^2b$ 和 $30ab^2$ 分成 $200a^2b+100a^2b$ 和 $20ab^2+10ab^2$？因為比起直接計算 $3a^2b$，大腦比較容易計算 a^2b 後再乘以 2。試試看分割這個方式，看看對你有何啟發！

餐巾紙數學

你聽過餐巾紙數學（napkin math）嗎？這是金融業的術語，指的是在商務晚宴等非正式場合進行的快速計算。例如，假設你負責管理某個投資組合，正在考慮投資一家預計每年成長約 20％的新創公司 10 萬美元，你可以用複利公式，快速預估 3 年後的投資價值。

$$A = P\left(1 + \frac{r}{n}\right)^{nt}$$

A = 新的投資價值

P = 投資金額（起始金額）

n = 每年複利次數

t = 時間（年）

r = 每年成長幅度（％）

　　將 r=20％，n=1（每年增長 20％），t=3（投資 3 年）代入公式。這些是能簡單預估的數字，也就是所謂的餐巾紙數學！

$$A = 100,000 \times 1.2^3$$

　　我們不去解 1.2^3，而是解 12^3，再除以 1,000，因為 $12^3 = (10 \times 1.2)^3 = 10^3 \times 1.2^3$。試試看，並參考第 201 頁提供的範例核對答案！

　　你剛剛完成了整本書中最困難的技巧！掌握了這個技巧後，其他相較之下都是小事一樁。給自己鼓鼓掌！

5

估算平方根的近似值

　　相信你對 4、9、16 和 25 這樣的完全平方數（可以寫成某個整數平方的數，例如 $4=2^2$、$9=3^2$、$16=4^2$、$25=5^2$）瞭若指掌，但是那些棘手的非完全平方數，例如 3、27 或 105 呢？有個有趣的技巧，能幫你估算任何數字的平方根！

　　開始之前，你必須先掌握完全平方數，別擔心，讓我們來快速回顧一下。

$$1^2 = 1 \qquad 4^2 = 16 \qquad 7^2 = 49$$

$$2^2 = 4 \qquad 5^2 = 25 \qquad 8^2 = 64$$

$$3^2 = 9 \qquad 6^2 = 36 \qquad 9^2 = 81$$

　　利用完全平方數，求出 27 的平方根。

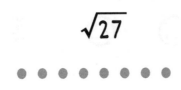

$$\sqrt{27}$$

神奇的步驟

① 先問自己：「小於 27、最接近的完全平方數是多少？」
是 5^2 的 25（不是 6^2 的 36，因為我們尋找的是小於
27 的完全平方數）。在 $\sqrt{27}$ 旁邊寫下 $\sqrt{25}$。

$$\sqrt{27} \qquad \sqrt{25}$$

② 寫下完全平方數的平方根（$\sqrt{25} = 5$），這是答案的整
數部分。

$$\sqrt{27} \qquad \sqrt{\text{㉕}} \qquad \mathbf{5}$$

③ 答案的下一個部分是分數。將原始數字（27）減去寫
下的完全平方數（25），27-25=2，這就是分子。

$$\sqrt{㉗} - \sqrt{㉕} \qquad 5\frac{2}{\,}$$

$$\overset{27 - 25}{\underset{\downarrow}{}}$$

④ 將整數的部分乘以 2（5×2=10），就是下面的分母。

$$\textcircled{5} \frac{2}{10}$$

$$\uparrow$$
$$5 \times 2$$

⑤ 你可以繼續簡化分數，或是將答案變成小數。

$$5\frac{2}{10} = 5\frac{1}{5} = 5.2$$

　　你剛剛在大腦中算出了 27 的平方根 5.2。超棒的！然而，請記住這只是個估計值。非完全平方數的平方根都是不斷延續下去的無理小數。現在，你可以用計算機驗算一下（$\sqrt{27}$ =5.19615242270663188058 2339…），5.2 是個很接近的近似值！

練習題

1. $\sqrt{10}$

2. $\sqrt{52}$

3. $\sqrt{93}$

速算背後的原理

我們可以用 $N=a^2+b$ 表示任何非完全平方數，其中 a 是小於 N、最接近的完全平方數的根，而 b 是跟完全平方數相加後等於 N 的數字。在上述例子中，N=27，a=5、b=2。如果 N=85，那麼 a=9、b=4。

$$N = a^2 + b \qquad b = N - a^2$$

現在，讓我們打亂方程式並解出 b（$b=N-a^2$）。

繼續解出 $\sqrt{N}$，我們將移動並改變順序。先將 $N-a^2$ 變成 $(\sqrt{N}+a)(\sqrt{N}-a)$，兩邊都除以 $\sqrt{N}+a$，最後兩邊都加上 a。

$$b = N - a^2$$

$$b = (\sqrt{N} + a)(\sqrt{N} - a)$$

$$(\sqrt{N} - a) = \frac{b}{(\sqrt{N} + a)}$$

$$\sqrt{N} = a + \frac{b}{(\sqrt{N} + a)}$$

為何要將 $N - a^2$ 分解為 $(\sqrt{N} + a)(\sqrt{N} - a)$？以下是我的解釋。

有好幾種分解的方法，沒有固定的規則可循，只能不斷嘗試犯錯！

首先，我觀察到 a^2 前面有負號，這就表示一個因數（能整除某一整數的整數）是正的，而另一個因數是負的，可以分解成 $(\_ + \_)(\_ - \_)$。

接下來，我問自己：「哪兩個數值（1除外）相乘是 N？」$\sqrt{N} \times \sqrt{N}$ 相乘是 N，得到 $(\sqrt{N} + \_)(\sqrt{N} - \_)$。

最後，我問：「哪兩個數值（1除外）相乘的結果是 a^2？」$a \times a = a^2$，所以就變成 $(\sqrt{N} + a)(\sqrt{N} - a)$！

你可以將二項式的所有項目相乘，檢查是否分解正確：$\sqrt{N}\sqrt{N} + a\sqrt{N} - a\sqrt{N} + (a)(-a) = N - a^2$。

現在回頭看看這個技巧背後的原理！仔細看看在分母的 $\sqrt{N} + a$，因為 $\sqrt{N}$ 是非常接近 a 值的無理數，因此估計 $\sqrt{N} + a = 2a$。

$$\sqrt{N} = a + \frac{b}{(\sqrt{N} + a)}$$

$$\sqrt{N} = a + \frac{b}{2a}$$

接著，讓我們將 $N-a^2$ 代入 b，這個方程式是不是很熟悉？我們用來估計 $\sqrt{N}$ 的三個步驟，就等於這個方程式！只要代入 $a=5$ 和 $N=27$，就會發現這就是我們之前採取的步驟。

我知道，這個證明過程資訊量超高，你能跟我一起堅持到這裡很值得稱讚！你表現得很好！

$$\sqrt{N} = a + \frac{N-a^2}{2a}$$

$$\sqrt{N} = 5 + \frac{27-25}{2 \times 5} = 5\frac{2}{10} = 5\frac{1}{5} = 5.2$$

浴室有多大？

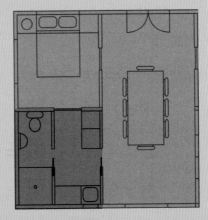

你正在查看浴室的藍圖。假設浴室面積是105平方英尺（9.75平方公尺），看起來接近正方形，如果浴缸長5英尺（1.52公尺），其中一面牆能放得下浴缸嗎？

105平方英尺

為了解決這個問題，我們必須算出105的平方根。最接近且低於105的完全平方數是100（10^2），因此答案的整數部分是10。分子為5（105-100），分母為20（10×2），答案是10又5/20英尺，或轉換成小數10.25英尺（3.12公尺）。所以，浴室是放得下浴缸的！

6

$\sqrt{6{,}724}$，我能心算

　　想用大腦計算像 $\sqrt{529}$、$\sqrt{6{,}724}$ 和 $\sqrt{9{,}801}$ 這樣的大平方根嗎？以下這個心算技巧，可以讓你算出任一完全平方數的平方根，只需要先知道從 1 到 9 的完全平方數！

$$1^2 = 1 \qquad 4^2 = 16 \qquad 7^2 = 49$$

$$2^2 = 4 \qquad 5^2 = 25 \qquad 8^2 = 64$$

$$3^2 = 9 \qquad 6^2 = 36 \qquad 9^2 = 81$$

　　接下來以實際例子說明：求出 6,724 的平方根。

· · · · · · · · ·

神奇的步驟

① 首先，將平方根符號下方數字，拆分為兩部分。右側部分是最後兩位數字，左側部分則是其他數字。例

如，將 6,724 拆分為 67 | 24；若是像 529 這樣的三位數，
則是拆為 5 | 29。

$$\underline{6724}$$

② 現在，讓我們專注於數字的左側部分（67）。67 位
於哪兩個平方數之間？介於 8^2=64 和 9^2=81 之間。取
這兩個數字中較小的數字（以此例來說，8 比 9 小，
所以取 8），這就是答案的第一位數。

$6^2 = 36$

$7^2 = 49$

$(8)^2 = 64$ ←67

$9^2 = 81$

$\underline{6724} = 8$

③ 接下來將焦點轉移到右側部分的數字（24），並研究
一下最後一位數（4）；回想一下你記住的平方數，
哪個完全平方數的最後數字與它（4）相同？ 2^2=4 和

8^2=64 都以 4 結尾，這兩個其中一個（2 或 8）將是答案的第二位數。先把這兩個都寫下來，下一步我們會找出哪個才是正確答案。

$$1^2 = 1$$
$$\rightarrow 2^2 = ④$$
$$3^2 = 9$$
$$4^2 = 16$$
$$5^2 = 25$$
$$6^2 = 36$$
$$7^2 = 49$$
$$\rightarrow 8^2 = 6④$$
$$9^2 = 81$$

$$\underline{672}④ = 8\ \underline{\ \ }$$
$$\uparrow$$
$$2 或 8$$

④ 找出答案的第二位數吧！我們要先回頭研究第一位數（8）。為了幫助我們做出決定，將答案第一位數乘以自己加 1 的數字（8×9=72），並比較 72 與左側部分的數字（6,724 的 67）。67 大於或小於 72 ？ 67 小於 72 ！所以，選擇 2 和 8 中較小的數字作為答案。

$$1^2 = 1$$
$$\rightarrow 2^2 = ④$$
$$3^2 = 9$$
$$4^2 = 16$$
$$5^2 = 25$$
$$6^2 = 36$$
$$7^2 = 49$$
$$\rightarrow 8^2 = 6④$$
$$9^2 = 81$$

$$8 \times 9 = 72$$
$$67 < 72$$
$$\downarrow$$
$$\underline{67}\underline{2④} = 8\ \underline{2}$$
$$\uparrow$$
$$②或8$$

　　答案出爐！從 2 和 8 中小心選擇了 2，我們算出最終答案 $\sqrt{6742} = 82$。這就像解謎一樣，不是嗎？

練習題

1. $\sqrt{169}$

2. $\sqrt{1,521}$

3. $\sqrt{9,216}$

速算背後的原理　＋－✕÷

　　如果你記得 1^2、2^2、3^2、4^2、5^2、6^2、7^2、8^2 和 9^2，就知道 10^2、20^2、30^2、40^2、50^2、60^2、70^2、80^2 和 90^2。例如：2^2=4、20^2=400，5^2=25、50^2=2,500，以及 8^2=64、80^2=6,400，發現規則了嗎？兩位數的平方只是在後面加上 00，因為它們大了 100 倍！

　　現在，讓我們看看如何求解範例 6,724=82^2。82^2 介於 80^2 和 90^2 之間，第一步，重點放在 6,724 中的 67，獨立出來為 6,700。因為 6,700 介於 6,400（80^2）和 8,100（90^2）之間，第一位數一定是 8（82 的 8 代表 80，因為它在十位數的位置）。

　　為什麼 6,724 的個位數，等於平方數的個位數？讓我們用代數簡化。將兩位數表示為 10a+b，其中 a 是十位數，b 是個位數（在 82 中，a=8、b=2）。如果我們將數字平方並展開二項式，會得到 $(10a+b)^2$ =(10a+b)(10a+b)= $100a^2+20ab+b^2$。

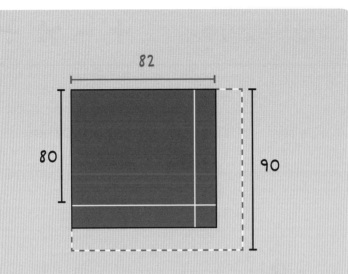

發現了嗎？除了 b^2 之外，所有項目的係數前面都是 10 的倍數，這意味著只有 b^2 會影響個位數！這就是為什麼 6,724 的個位數字必須等於 $2^2=4$ 的個位數。

電腦螢幕要買幾吋？

你買過電腦螢幕嗎？如果你有類似經驗，可能會注意到螢幕的尺寸是由對角線決定，而不是寬度或高度。

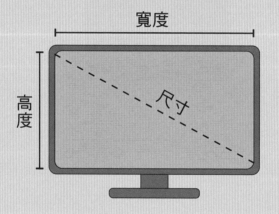

例如，如果電腦螢幕高度 12.35 英寸（31.4 公分）、寬度 24 英寸（61 公分），你可以利用畢氏定理算出對角線長度。該定理指出，在直角三角形中，較短邊（a 和 b）兩者的平方和，等於最長邊（斜邊，c）的平方。

將電腦螢幕的兩邊 a=24 英寸、b=12.35 英寸代入，可以算出螢幕的對角線長度 $c = \sqrt{(24^2 + 12.35^2)} \approx \sqrt{729}$。

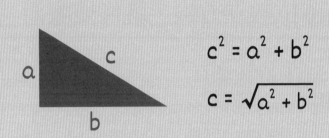

$$c^2 = a^2 + b^2$$

$$c = \sqrt{a^2 + b^2}$$

有趣的部分來了：如何在不使用計算機的情況下解出 $\sqrt{729}$？

如同前面計算，我們先將 729 分解為 7|29。7 位於 $2^2=4$ 和 $3^2=9$ 之間，所以我們選擇較小的數字 2 作為答案的第一部分。

第二部分，我們將重點放在最後一位數字 9。查看完全平方數後，可以發現 $3^2=9$ 和 $7^2=49$ 都以 9 結尾，所以答案的第二個數字會是 3 或 7。要確定是哪一個，就要回到答案的第一個數字 2，將它乘以自己加 1 的數字（2×3=6）。7 比 6 大還是小？7 比 6 大！所以，我們從 3 和 7 中選擇較大的數字，也就是 7。$\sqrt{729} = 27$，電腦螢幕的尺寸就是 27 吋（英寸，約 68.6 公分）！

7

6位數立方根，就像變魔術

這個有趣的數學技巧，一定會讓你的家人、朋友驚嘆不已！請他們在 1～100 之間選擇一個整數（並保密）後，用計算機計算立方數，然後告訴你結果。不用一秒鐘，你就能在腦中快速計算出立方根，並猜出他們挑選的數字。

想要學習這個技巧，必須先記住 1～9 的立方數。別擔心，這不會太難，而且你會發現一切都是值得的！

$$1^3 = 1 \qquad 4^3 = 64 \qquad 7^3 = 343$$

$$2^3 = 8 \qquad 5^3 = 125 \qquad 8^3 = 512$$

$$3^3 = 27 \qquad 6^3 = 216 \qquad 9^3 = 729$$

如果你的朋友選擇的是 1～9 的立方，你會馬上知道他們選了哪個數字！如果他們選擇了 10～99 之間的數字，以下是運算的步驟。

假設你的朋友選擇了 $72^3 = 373{,}248$。

$$\sqrt[3]{373{,}248}$$

● ● ● ● ● ● ● ● ●

神奇的步驟

① 對 10 ～ 99 之間的數字進行立方運算時，答案會在
1,000 到 999,999 之間。第一步，你只需注意逗號左
邊的數字（左邊的三位數）。以此處的例子來說，我
們先把重點放在 373,248 的 373 上。373 位於哪兩個
立方數之間？介於 $7^3=343$ 和 $8^3=512$ 之間。取較小的
數字 7，這就是答案的第一位數！

$$5^3 = 125$$
$$6^3 = 216$$
$$\textcircled{7}^3 = 343$$
$$8^3 = 512$$
$$9^3 = 729$$

$$\underline{373}\underline{248} = 7$$

② 接著，算出答案的第二位數，把重點放在數字的最後
一位數（373,248 中的 8）。再次回想一下之前記住
的立方數，哪個立方數的結尾數字與它相同？ $2^3=8$
和 373,248 都以 8 結尾，所以答案的最後一位數是 2 ！
由於每個立方數的結尾數字都不同，應該只會有一
個數字符合。透過這兩個步驟，你就能在腦中算出
373,248 的立方根是 72 ！

$$1^3 = 1$$
$$\rightarrow 2^3 = \textcircled{8}$$
$$3^3 = 27$$
$$4^3 = 64$$
$$5^3 = 125$$
$$6^3 = 216$$
$$7^3 = 343$$
$$8^3 = 512$$
$$9^3 = 729$$

$$\underline{373\,24\textcircled{8}} = 72$$

練習題

$$\sqrt[3]{1,331} \qquad \sqrt[3]{148,877} \qquad \sqrt[3]{912,673}$$

速算背後的原理 ＋－✕÷

　　一旦你記住 1^3、2^3、3^3、4^3、5^3、6^3、7^3、8^3 和 9^3，
10^3、20^3、30^3、40^3、50^3、60^3、70^3、80^3 和 90^3 也就能記
住了。例如 $2^3=8$，而 $20^3=8,000$。同樣道理，$5^3=125$，
$50^3=125,000$；$8^3=512$，$80^3=512,000$。發現規則了嗎？兩
位數的立方尾數會多出 000，因為它們大了 1,000 倍。

　　現在，讓我們來看看如何求解範例 $373,248=72^3$。
72^3 在 70^3 和 80^3 之間，就像 57^3 介於 50^3 和 60^3 之間、
18^3 介於 10^3 和 20^3 之間一樣。

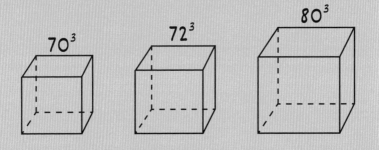

　　在第一步中，我們把重點放在 373,248 中的 373，將
其獨立為 373,000。因為 373,000 介於 343,000（70^3）和

512,000（80^3）之間，我們知道第一位數一定是 7（72 中的 7 代表 70，因為它是十位數）。

讓我們繼續討論第二步是如何進行的。以代數形式將兩位數表示為 10a+b，其中 a 是十位數，b 是個位數（在 72 這個數字中，a=7、b=2）。

現在，如果我們將數字立方並展開二項式，會得到 $(10a+b)^3 = 1{,}000a^3 + 300a^2b + 30ab^2 + b^3$。除了 b^3 之外，所有項目的係數都是 10 的倍數，這代表著只有 b^3 會影響個位數！因此，373,248 的個位數一定等於 $2^3=8$ 的個位數。

第 7 章

生活中可運用的
速算數學

　　歡迎來到數學技巧的最終章！本章內容有點複雜，其中的技巧涵蓋了各種數學概念和現實生活場景，像是在幾秒鐘內比較分數大小、證明 1 與 0.999 相同，以及將財富加倍或三倍的祕訣等。

　　還有，我們也將學習如何識別假信用卡、預測某天是星期幾，以及探索數學最神祕的規則。本章的技巧乍看之下毫無相關，卻有一個共同點：讓你驚嘆不已、發現數學真的很酷！那麼，讓我們深入研究並創造數學魔法吧！

1

哪個分數比較大？

想像你正在看一場籃球比賽。

　　主隊的三分球命中率令人印象深刻，8 次出手、5 次進球（5/8）；而客隊也有 7 次出手、4 次進球的穩健成功率（4/7）。問題來了：哪一隊的遠距離投籃得分率更高呢？

$$\frac{5}{8} \text{ vs } \frac{4}{7}$$

　　單看 5/8 和 4/7 這兩個數字，無法看出哪支球隊表現更好，對吧？有個快速簡單的技巧，能幫助你在 10 秒鐘內確定哪個分數更大！

● ● ● ● ● ● ● ● ●

231

神奇的步驟

① 首先，將第一個分數的分子
（5）和第二個分數的分母（7）
相乘後（5×7=35），在第一
個分數上方寫下 35。

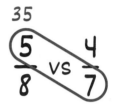

② 接著，將第二個分數的分子
（4）和第一個分數的分母（8）
相乘後（4×8=32），在第二
個分數上方寫下 32。

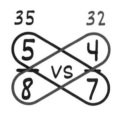

③ 寫下的數字（35 與 32）哪個比
較大？當然是 35！這就表示
35 下方的分數比較大。所以，
5/8 比 4/7 大，在這個範例中，
主隊比客隊的數據更佳！

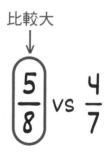

再試試看其他例子！4/7 和 7/11 哪個比較大？

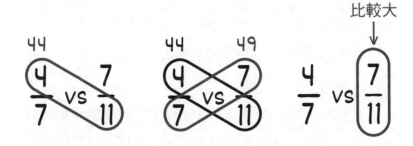

練習題

哪個分數比較大？

1. 2/3 或 7/12

2. 4/5 或 11/13

3. 14/20 或 120/180

速算背後的原理 ＋ － ✕ ÷

這個技巧可能有點傷腦，但背後的原理非常簡單！讓我們從以下例子開始：5/9 和 8/9，哪個分數比較大？只要看一眼就知道 8/9 比較大，因為兩個分數的分母相同，只要比一比哪個分子比較大，就能輕鬆知道答案。

這就是這個技巧的關鍵。再回到前述的第一個例子。

$$\frac{5}{8} \text{ vs } \frac{4}{7}$$

當我們將數字相乘時，就是祕密的讓兩個分數的分母相同。雖然沒有寫下新的分母，但我們正在製作兩個分母同為 56 的分數。分母相同了，輕鬆比較分子就能知道答案！

$$\frac{5 \times 7}{8 \times 7} \text{ vs } \frac{4 \times 8}{7 \times 8} \rightarrow \frac{35}{56} \text{ vs } \frac{32}{56}$$

$$\frac{5}{8} \rightarrow \frac{35}{56}$$

$$\frac{4}{7} \rightarrow \frac{32}{56}$$

2

0.999…=1？

接下來要說的這件事，可能會讓你質疑自己對數學的理解！你知道循環小數 0.999…等於 1 嗎？看似不可能，但請跟我一起往下看，我會告訴你原因。

$$1 = 0.99999999999\ldots$$

讓我們看看分數 1/3 和 2/3。將兩者相加，會得到 1/3+2/3=3/3=1。但是，當我們以小數形式相加時會如何？這只是其中一個例子，許多其他分數也適用！

$$+\begin{array}{l} \dfrac{1}{3} = 0.33333\ldots \\[2mm] \dfrac{2}{3} = 0.66666\ldots \end{array}$$
$$\dfrac{3}{3} = 0.99999\ldots$$

不相信 0.999…=1 嗎？讓我們用代數來證明。

$$+\begin{array}{l} \dfrac{1}{11} = 0.090909\ldots \\[2mm] \dfrac{10}{11} = 0.909090\ldots \end{array}$$
$$\dfrac{11}{11} = 0.999999\ldots$$

● ● ● ● ● ● ● ● ●

神奇的步驟

① 先假設 a=0.999…。

$$a = 0.999…$$

② 將等式兩邊都乘以 10，會得到
10a=9.999…。

$$a = 0.999…$$
$$10a = 9.999…$$

③ 事情開始變得有趣了。你同意
9.999…等於 9+0.999…嗎？

$$a = 0.999…$$
$$10a = 9.999…$$
$$10a = 9 + 0.999…$$

④ 因為 0.999…=a，讓我們用 a 取
代 0.999…。

$$a = 0.999…$$
$$10a = 9.999…$$
$$10a = 9 + 0.999…$$
$$10a = 9 + a$$

⑤ 將全部的 a 移到等式的左邊。兩
邊都減去 a 後，等式變成 9a=9。

$$a = 0.999…$$
$$10a = 9.999…$$
$$10a = 9 + 0.999…$$
$$10a = 9 + a$$
$${-a} \quad -a$$
$$9a = 9$$

⑥ 將兩邊除以 9，得到 a=1。但是，
一開始設定的是 a=0.999⋯！等
等，所以 1 和 0.999⋯是一樣的！

$$a = 0.999\ldots$$
$$10a = 9.999\ldots$$
$$10a = 9 + 0.999\ldots$$
$$10a = 9 + a$$
$$\underline{-a \qquad -a}$$
$$9a = 9$$
$$a = 1$$

還是感覺不對勁？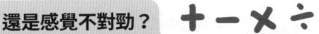

　　0.999⋯等於 1，這件事在充滿數字的世界中是無庸
置疑的，很驚人吧？其實，有一整個全新面向的數字有
待探索，讓我向你介紹超實數（hyperreal numbers）的
神祕世界！這是一個數字可以無限大、無限小的地方，
不可能都會變成可能。在我們的世界裡，這些數字看起
來微不足道，但在超實數世界中卻是截然不同。

　　想像一個世界，最微小的事物中都蘊藏著一個宇
宙。超實數就是這樣的一個地方，類似你在化學課學到
的原子微觀領域。看看你的四周：眼睛看到的世界只是

冰山一角。在我們的世界裡，一粒沙看似微不足道，但在微觀領域中，這粒沙容納了 50,000,000,000,000,000,000 個原子的宇宙。

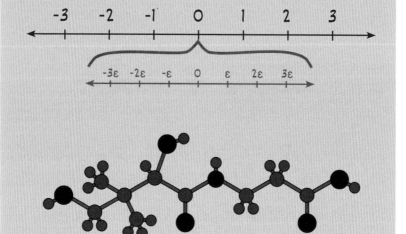

　　在超現實維度中，0.999…和 1 是兩個不同的數字。但在我們所處的數字世界中，0.999…和 1 是相同的！

3

投資翻倍的 72 法則

你曾有投資經驗嗎？如果現在還沒有，或許將來哪天你可能也會興起投資的念頭，請記得以下這個方便的技巧！

想像一下你剛踏入投資世界，決定將資金投入像標準普爾 500 指數（Standard & Poor's 500，簡稱 S&P 500）這樣的基金，該基金提供每年平均 10％的穩定投資報酬率。

這意味著如果你今年投資了 100 美元，明年將成長到 110 美元（100 美元 ×110％ =110 美元），第二年則是 121 美元（110 美元 ×110％ =121 美元），依此類推。

若想等到投資翻倍，需要多久時間？你不用打開計算機，有個簡單的技巧可以在腦中估算！

$$72 法則 ： 翻倍時間 = \frac{72}{投資報酬率}$$

● ● ● ● ● ● ● ●

神奇的步驟

① 將 72 除以投資報酬率（也可以稱為利率），投資報酬率以百分比表示。如果投資報酬率為 10％，要除以 10，而不是除以 0.1。

$$投資報酬率 = 10\%$$

$$翻倍時間 = \frac{72}{10}$$

② 解題後，你就知道要多久時間錢才會翻倍。在此範例中，資金大約需要 7.2 年才能翻倍。

$$翻倍時間 = \frac{72}{10} = 7.2 \text{ 年}$$

這個方便的技巧不僅限於投資，也可以用來計算以固定利率還清債務需要多長時間。

想像你以 12％的利率借錢，但沒有還錢，債務多久會翻倍？很簡單，只要使用這個技巧──72 除以 12 等於 6 年！所以，如果不還錢的話，6 年後你的債務將會翻倍。

練習題

1. 在每年 36％的投資報酬率之下，要花多長時間才能將資金翻倍？

2. 你的資金在 12 年內翻了一倍，投資報酬率是多少？

速算背後的原理

　　72 法則是一種快速、簡單的估算方式，根據指數增長公式（FV=PV×(1+r)^t）幫助你預估資金的成長，其中 FV 為未來值，PV 是現值，r 是比率，t 是時間段。

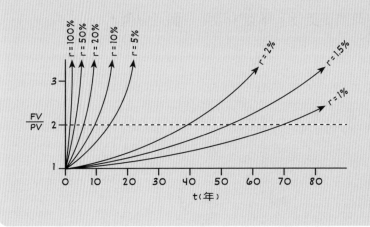

如果你的目標是讓錢翻倍，也就是 FV/PV=2，方程式將簡化為 $2=(1+r)^t$。圖表如上頁──FV/PV=2 時，不同的利率將影響資金翻倍所需的時間！

為了解出指數 t，我們需要取兩邊的自然對數（以數學常數 e 為底數的對數函數，標記作 $\ln(x)$），得到 $t=\ln(2)/\ln(1+r)$。近似值在這裡派上用場：我們可以近似 $\ln(1+r)=r$ 和 $\ln(2)=0.693$，得到 $t=0.693/r$，再將分母和分子乘以 100，得到 $t=69.3/r$，其中 r 以百分比表示。

為什麼算出的是 69.3，而不是 72？因為 72 容易被整除（例如 1、2、3、4、6、8、9 和 12），在腦中除 72 比除 69.3 容易得多，因此使用 72 法則作為估計資金翻倍時間很流行。畢竟，這是一個近似值！

4

翻倍不夠，讓錢變成三倍才過癮！

　　你已經解開了讓錢翻倍的祕密，但是，就止步於此嗎？讓我們加快速度，學習將錢變為三倍的方法！

　　跟前一節的設定一樣，假設你投資了每年投資報酬率有 10% 的股票。利用 72 法則，我們知道投資需要 7.2 年才能翻倍。而有一種能估算將投資變為三倍所需的時間快速方法——115 法則！

$$\textbf{115 法則：}\quad \text{翻三倍時間} = \frac{115}{\text{投資報酬率}}$$

● ● ● ● ● ● ● ● ●

神奇的步驟

① 將神奇數字 115 除以投資報酬率。請務必以百分比表示投資報酬率（10% 而不是 0.1）。

$$\text{投資報酬率} = 10\% \qquad \text{翻三倍時間} = \frac{115}{10}$$

② 計算一下即可得到答案！在這個例子中，你的錢需要 11.5 年才能變為三倍。

$$翻三倍時間 = \frac{115}{10} = 11.5 \text{ 年}$$

這是值得你思考一輩子的事。如果每年投資報酬率為 10％，你的錢要花整整 7.2 年才能翻倍，但只需要再多 4.3 年（總共 11.5 年），你的錢就能變成 3 倍！更令人興奮的是，再過 3 年，你的錢就會變成 4 倍；僅僅再過 2.3 年後，則是變成 5 倍。

資金成長的時間一年比一年少，這就是複利效應（compound effect）。所以，儲蓄和投資要趁早，才能體驗財富呈指數級增長的滋味！

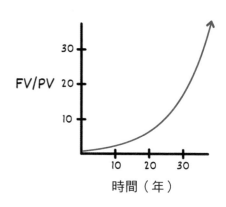

練習題

1. 假設每年投資報酬率為 23％，需要多長時間才能將資金增加至原來的 3 倍？

2. 如果資金在 14.4 年內翻倍，變成 3 倍要花多少時間？

速算背後的原理 ＋－✕÷

　　和 72 法則一樣，115 法則它也是基於指數成長公式（$FV = PV \times (1+r)^t$），其中 FV 為未來值，PV 是現值，r 是比率，t 是時間段。資金增加三倍，也就是 FV/PV=3，方程式可簡化成 $3=(1+r)^t$。圖表如下，當利率越高，資金翻三倍速度越快！

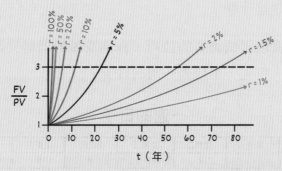

　　為了求解時間 t，我們取兩邊的自然對數，得到 $t=\ln(3)/\ln(1+r)$。這時，我們可以使用近似值：近似 $\ln(1+r)=r$ 和 $\ln(3)=1.0986$，得到 $t=1.0986/r$，將分母和分子乘以 100 後得到 $t=109.86/r$，其中 r 以百分比表示。

　　為什麼我們得出 109.86 而不是 115 ？答案很簡單，因為 115 容易被整除，成為投資者估算時的熱門選擇！

5

穿越時空，抵達的那天
是星期幾？

準備好踏上時空之旅了嗎？讓
你的朋友隨機選擇過去或未來的任
何一天，告訴他們這天是一週中的
星期幾，一定會讓他們留下深刻印
象。祕訣是什麼？

想實現這個神奇的技巧，你需要做的就是先記住一
些圖表。首先，是代表一週的日子。

一週的日子

星期日	星期一	星期二	星期三	星期四	星期五	星期六
0	1	2	3	4	5	6

每一天都分配了一個數字，以便記憶。星期日是 0，
星期一是 1，依此類推，一直到星期六是 6。這是你現
在需要知道的，稍後我們會需要這張圖表。

接下來，還有月分圖表：

月分代碼

1月	2月	3月	4月	5月	6月	7月	8月	9月	10月	11月	12月
0	3	3	6	1	4	6	2	5	0	3	5

你可能會想：「哦不！要記住 12 個數字太難了。」
別擔心，這並沒有看起來那麼困難。

我習慣將這 12 個數字分解成 3 個一組：033、614、
625、035。第一組和最後一組均以 03 開頭，第二組和第
三組都以 6 開頭。第三組的最後兩位數字（2 和 5）則
比第二組（1 和 4）各往上加 1。

最後，讓我們來解決世紀代碼。

世紀代碼

	1600 -1699	1700 -1799	1800 -1899	1900 -1699	2000 -2099	2100 -2199	2200 -2299	2300 -2399	
←	6	4	2	0	6	4	2	0	→

這很簡單，我保證！只要記住數字 6、4、2、0。
1600 年以前和 2399 年以後也是重複同樣的模式。

只要準備好這三張圖表，你就掌握了這個技巧。準
備好、深吸一口氣，讓我們一起練習！

假設你想要知道 2009 年 3 月 5 日是星期幾。

● ● ● ● ● ● ● ● ●

神奇的步驟

① 這個技巧分為兩個部分。第一個部分，是將五個關鍵數字相加。第二個部分，我們會利用總和來得知這天是一週的星期幾。

② 你要新增的第一個數字是日期。以 3 月 5 日為例，日期當然是 5。

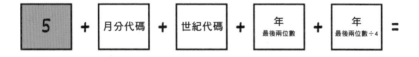

③ 現在，加入月分代碼。利用方便的圖表，我們發現三月的代碼是 3。

1月	2月	3月	4月	5月	6月	7月	8月	9月	10月	11月	12月
0	3	3	6	1	4	6	2	5	0	3	5

5	+	3	+	世紀代碼	+	年 最後兩位數	+	年 最後兩位數÷4	=

④ 接著加入世紀代碼。2009 年介於 2000 年至 2099 年之間，世紀代碼為 6。

1600 -1699	1700 -1799	1800 -1899	1900 -1699	2000 -2099	2100 -2199	2200 -2299	2300 -2399
6	4	2	0	6	4	2	0

$$5 \; + \; 3 \; + \; 6 \; + \; \boxed{\text{年}\atop\text{最後兩位數}} \; + \; \boxed{\text{年}\atop\text{最後兩位數÷4}} \; =$$

⑤ 接下來，新增年分的最後兩位數。2009 年最後兩位數是 09，所以在方框中寫下 9！

$$5 \; + \; 3 \; + \; 6 \; + \; 9 \; + \; \boxed{\text{年}\atop\text{最後兩位數÷4}} \; =$$

⑥ 最後一個數字，將剛剛寫下的數字（9）除以 4（9÷4=2 餘 1）。將商數（2）寫在最後一個框框中。不用在乎餘數，忽略它並繼續下一步！

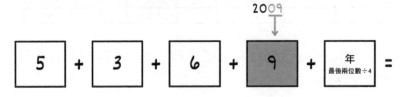

$$5 \; + \; 3 \; + \; 6 \; + \; 9 \; + \; 2 \; =$$
$$9 \div 4 = 2 \cdots 1$$

⑦ 最後，將五個關鍵數字相加。

$$\boxed{5} + \boxed{3} + \boxed{6} + \boxed{9} + \boxed{2} = 25$$

⑧ 讓我們看看 2009 年 3 月 5 日是星期幾！將得到的總和（25）除以 7（25÷7=3 餘 4）。這次我們忽略商，把重點放在餘數上。將餘數（4）配對，得到答案！2009 年 3 月 5 日是星期四。

$$= 25 \div 7 = 3 \cdots 4$$

星期日	星期一	星期二	星期三	星期四	星期五	星期六
0	1	2	3	4	5	6

　　準備好自己試試看了嗎？算一算 2215 年 10 月 9 日是星期幾？

　　花點時間查看圖表，再算出答案。日期代碼為 9，月分代碼為 0，世紀代碼為 2，年分的最後兩位數是 15，15 除以 4 得到商數 3。將所有數字相加，得到 9+0+2+15+3=29，29÷7=4 餘 1。將 1 的餘數與星期幾配對。你知道答案了嗎？答案是星期一！

$$\boxed{9} + \boxed{0} + \boxed{2} + \boxed{15} + \boxed{3} = 29$$

$$= 29 \div 7 = 4\cdots1$$

星期日	星期一	星期二	星期三	星期四	星期五	星期六
0	1	2	3	4	5	6

閏年的例外

現在，你已經掌握了竅門，但我想告訴你這個技巧有個例外——閏年！

如你所知，閏年每 4 年會發生一次，當選擇的日期落在閏年的一月和二月時，就必須做個小調整，將最後的結果減 1。

以 2024 年 1 月 3 日為例，照常將所有數字相加（3+0+6+24+6=39），總和除以 7（39÷7=5 餘 4），先不要急著將 4 的餘數轉換為星期幾，而是先減 1（4-1=3），答案是星期三！

3	+	0	+	6	+	24	+	6	= 39

$$= 39 \div 7 = 5\cdots4$$

星期日	星期一	星期二	星期三	星期四	星期五	星期六
0	1	2	3	4	5	6

= 4 - 1 = ③　*閏年記得減1！

怎麼知道哪一年是閏年？

每 4 年會出現一次閏年，如果年分的最後兩位數能被 4 整除，就是閏年。例如，2032 年是閏年，因為 32 可以被 4 整除（32÷4=8），1924 年是閏年（24÷4=6），但 2022 年就不是閏年，因為 22 無法被 4 整除。

例外是以兩個零結尾的年分，無法被 400 整除的便不是閏年（例如 1600 年、2000 年和 2400 年是閏年，但 1700 年、1800 年、1900 年、2100 年、2200 年、2300 年和 2500 年不是）！

此外，在你開始穿越時空之前，必須牢記一件事：這個技巧只適用於 1582 年後的日期。為什麼？現在人們熟知的日曆正式名稱為公曆（Gregorian calendar），在 1582 年 10 月後才正式使用。在這之前，沒有閏年這樣的東西。

因為地球每 365.25 天繞太陽旋轉一圈，所以一年是實際上是 365.25 天，而不是 365 天！閏年這個概念，便是為了防止日曆浮動太大而使用的。

現在你知道了這個技巧，可以告訴親友他們的生日或其他特殊日子是星期幾，讓他們留下深刻印象。你甚

至可以使用這個技巧，提前規畫未來，並確保自己總能

準時。祝你時光旅行愉快！

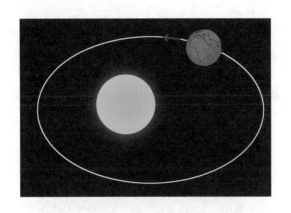

練習題

你能找出歷史上這些著名的日子是在星期幾嗎？

1. 1776 年 7 月 4 日，美國通過《獨立宣言》。

2. 物理學家阿爾伯特・愛因斯坦（Albert Einstein）出生
   於圓周率日（1879 年 3 月 14 日）。

3. 1969 年 7 月 20 日，美國太空人尼爾・阿姆斯壯（Neil
   Armstrong）和伯茲・艾德林（Buzz Aldrin）登陸月球。

6

如何識別假信用卡？

　　準備好成為識別假信用卡的專家！這個技巧跟我們的生活息息相關，但大多數人都不知道。戴上你的偵探帽，一起來破解這個案子吧！

　　你仔細觀察過信用卡嗎？信用卡上面都有一串很長的數字——準確的說是 16 位數字。這些數字看似隨機，但事實並非如此。如何區分 16 位數字來自真正的信用卡，或只是隨機的數字？讓我來告訴你！

● ● ● ● ● ● ● ● ● ●

神奇的步驟

① 首先，拿起你的筆和紙，記下信用卡的 16 位數字。

$$4100\quad 2328\quad 8521\quad 1367$$

② 接著，從第一個數字開始，每隔一個數字將其乘以 2。

```
      4100    2328    8521    1367
  X2 ↓↓↓↓   ↓  ↓↓  ↓   ↓↓  ↓   ↓↓  ↓
      8 0     4  4    16 4    2 12
```

③ 如果新數字是 10 或以上，請將它們拆解為個位數並相加（16 是 1+6 等於 7，12 是 1+2 等於 3）。

```
      4100    2328    8521    1367
     ↓↓↓↓   ↓  ↓↓  ↓   ↓↓  ↓   ↓↓  ↓
      8 0     4  4    16 4    2 12
                       ↓           ↓
                    1+6 = 7    1+2 = 3
```

④ 現在，將這些新數字插回原來的 16 位數字中。

$$8100\quad 4348\quad 7541\quad 2337$$

⑤ 關鍵時刻來了！將這 16 個數字相加，如果總和不是
10 的倍數（如 10、20、30、40、50、60、70、80 等），
你的信用卡就是假的！這個例子中的數字加起來是
60，所以卡片是真的！

$$8+1+0+0+4+3+4+8+7+5+4+1+2+3+3+7 = 60$$

　　當你正在網購一雙鞋子，輸入信用卡資料時，不
小心搞混了第二個和第三個數字（你輸入了 4010 2328
8521 1367，而不是正確卡號 4100 2328 8521 1367）。別
擔心，付款系統會照我們剛剛的步驟驗證你的信用卡
號，並在幾秒鐘內提醒你輸入錯誤！

練習題

這些信用卡號碼是真的還是假的？

1. 4245 3102 6713 1134

2. 3421 1589 4001 3897

3. 5133 4857 4363 1949

速算背後的原理

　　這個過程稱為盧恩算法（Luhn Algorithm），也稱為模 10（Mod 10）算法。這個簡單的驗證過程，能區分有效數字和錯誤的數字，現在已被多數信用卡公司和政府採用。

　　背後的原理是什麼？將相隔的數字加倍後相加，如果總和不等於 10 的倍數，在這個過程中會很容易抓出錯誤。下次使用信用卡時，不妨試試用盧恩算法檢查信用卡上的數字！

7

數學的黑洞「6174」

　　準備好揭開未知的祕密嗎？讓我介紹神祕數字 6174，也稱為卡普雷卡爾常數（Kaprekar's constant）。選擇任意一個四位數數字，按照以下步驟操作，就會揭開謎底。當心，真相可能會永遠改變你對現實的認知！

7283

● ● ● ● ● ● ● ● ●

神奇的步驟

① 取任意一個四位數（例如 7283）並重新排列四位數。

　　首先，從最大到最小排列，你會得到 8732 這個數字。

　　然後，反過來從最小到最大排列，你會得到 2378。

7283

從最大到最小排列 = 8732

從最小到最大排列 = 2378

② 接下來，用這兩個數字中較大的那個數字，減去較小
　的數字。

7283

8732 - 2378 = 6354

③ 不斷重複以上兩個步驟，直到得到最終數字：6174。
　一旦得到 6174，無論重複多少次，將永遠停留在
　6174。例如，如果我們由大到小排列 6174，會得到
　7641，由小到大排列則得到 1467，然後兩者相減，
　會得到 6174（7641-1467=6174）。

7283

8732 - 2378 = 6354
6543 - 3456 = 3087
8730 - 0378 = 8352
8532 - 2358 = 6174

④ 這有什麼特別的嗎？神奇的地方是你可以選擇任一個
　四位數，操作上述步驟①到③，7 次迭代（iteration，
　反覆以同一計算方式運算）內一定會得到神祕的數字

6174。以下再舉幾個例子，有些數字只需 2 次即可得到 6174，而有些數字則需要 7 次計算！

9990

9990 - 0999 = 8991

9981 - 1899 = 8082

8820 - 0288 = 8532

8532 - 2358 = 6174

3735

7533 - 3357 = 4176

7641 - 1467 = 6174

1042

4210 - 0124 = 4086

8640 - 0468 = 8172

8721 - 1278 = 7443

7443 - 3447 = 3996

9963 - 3699 = 6264

6642 - 2466 = 4176

7641 - 1467 = 6174

很神祕吧？現在輪到你了！你可以選擇任何四位數（前面有零或尾數是零也可以，像是 0028、8000 等），但請避免九個重複數字的數字（1111、2222、3333、4444、5555、6666、7777、8888 和 9999），這些是無法算出 6174 這個數字的四位數。

速算背後的原理

　　卡普雷卡爾常數的獨特模式至今仍是個謎，但可以藉由編碼仔細研究這個模式。所有遵循此過程（由大到小排列的數字，減去由小到大排列的數字）的四位數，都依循著某個路徑收斂於 6174。想試試看嗎？選擇一個隨機的四位數，觀察它沿著其中一條路徑到達 6174 ！

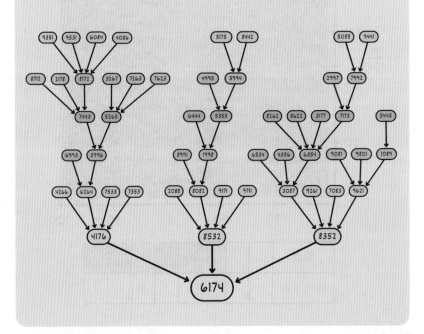

但這還不是全部！當我們將 0 到 10,000 的所有數字映射在 100×100 的網格上，並按照迭代轉換為 6174 需要的次數進行顏色編碼時，會得到一個如藝術品般美麗的圖案。這就是神祕而美麗的數學世界！

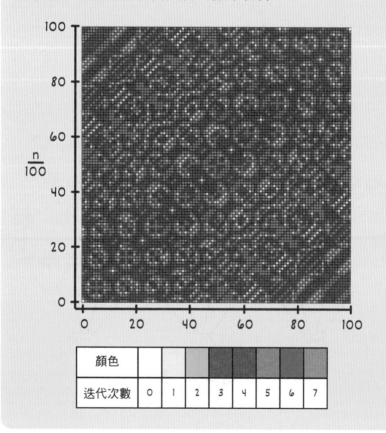

顏色								
迭代次數	0	1	2	3	4	5	6	7

致謝

感謝世界各地的神奇夥伴，讓我能寫出這本書！

首先，非常感謝我的未婚夫阿明，你是我的精神支柱，給了我追求我覺得有意義志業的勇氣。很高興能與你一起踏上人生的旅程，我們正蓄勢待發！此外，想出 Pink Pencil Math 這個名字的人正是阿明！

如果沒有 Pink Pencil Math 的第一號粉絲和追蹤者——我的父親保羅——我就不可能完成這本書。當我辭去工程師的工作、創辦數學 TikTok 帳號時，我知道你一定感到十分驚訝，但你和我一起堅持了下來，並支持我一路走來的每一步。謝謝你為我所做的一切。

謝謝我的媽媽菲奧娜。十年來，妳每天早上都榨胡蘿蔔汁給我喝，讓我能寫出這本書，而不只是讓我的皮膚變成橙色。感謝妳每天溫暖的笑容和擁抱，妳富有感染力的積極樂觀，激勵我每天向他人傳播快樂和善良。

接下來，我還要感謝我的妹妹阿曼達。妳充滿表情符號的簡訊，總是讓我的一天充滿歡樂，尤其是在我卡

關的時候。妳堅定不移的支持和鼓勵，對我來說意義重大，感謝妳的愛。我迫不及待想看到妳的成就！

感謝所有的朋友，在整個旅程中給予我全力的支持。許多次深夜的談話、在我失落時你們提出的寶貴建議，以及慶祝一路走來的每一次勝利和歡笑，你們都讓我的 Pink Pencil Math 變得更特別。愛你們！

感謝所有幫助我複習本書數學內容的人：伊凡娜·李（Ivana Lee）、雅琳·瑞珊迪斯（Arlene Resendiz）、魯格曼·拉哈曼特（Luqman Rahamat）和里茲萬·馬克蘇德（Rizwan Maqsood）。

感謝法蘭妮（Franny）和 Page Street 團隊為本書付出的努力，以及過程中對我的支持。感謝你們相信我能實現這個計畫！

最後，衷心感謝所有觀眾和支持者。你們的熱情參與和鼓勵，讓我能對數學教學持續充滿熱情，並給了我繼續前進的力量。沒有你們，我不可能完成這一切，感謝你們在這段旅程中教導我的一切！

解答

第1章　不用背的九九乘法表

1 2的乘法表，列表

00	02	04	06	08
10	12	14	16	18
20	22	24	26	28
30	32	34	36	38

2 3的井字遊戲

	X	X
X		X
X	X	

或是

X	X	
X		X
	X	X

第2章　超實用速算技巧

1 一秒算出奇數相加

1. $1+3+5+7+9+11+13+15+17$
   $+19+21=11^2=121$

2. 1~199 的奇數總和
   $=100^2=10,000$

3. 2,007 以內的所有奇數總和
   $=1,004^2=1,008,016$

2 偶數相加，也能秒算

1. $2+4+6+8+10+12+14+16+18$
   $=9\times(9+1)=90$

2. 2～20 的偶數總和
   $=10\times11=110$

3. 1,000 以內的所有偶數總和
   $=500\times501=250,500$

3 大數字減法

1. $700-83=617$

2. $17,000-936=16,064$

3. $-238+5,000=4,762$

4 用加法算減法！

1. $52-17=35$

2. $1,234-321=913$

3. $3,920-1,242=2,678$

第3章　速乘的祕訣

1 任何數乘以 5

1. 27÷2=13.5　13.5×10=135

2. 120×5=120÷2×10=600

3. 64×5=64÷2×10=320

2 三位數乘以 11，不用按計算機

1. 53×11=583

2. 86×11=946

3. 7,253×11=79,783

3 訂閱費每月 13 美元，一年要花多少錢？

1. 14×15=210

2. 13×18=234

3. 17×19=323

4 相差2的數字相乘

1. 13×11=12^2-1=143

2. 79×81=80^2-1= 6,399

3. 301×299=300^2-1=89,999

6 兩位數乘法彩虹

1. 13×21=273

2. 42×14=588

3. 95×72=6,840

7 先得 21 分獲勝，羽球選手的積分計算

1. 121×31=3,751

2. 821×23=18,883

3. 458×72=32,976

8 別漏掉任何一顆氣球！

1. 後面有 3 個零。

2. 10,300×20=206,000

3. 2,000×40×700=56,000,000

9 丟掉直式乘法，畫表格！

1. 畫出 362×12,803 的表格：

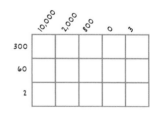

2. 27×8,130=219,510

3. 123×123=15,129

10 兩位數相乘，畫線就有答案

2. $132 \times 21 = 2772$

1. $62 \times 13 = 806$

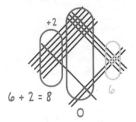

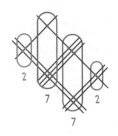

3. $122 \times 122 = 14884$

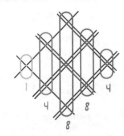

第4章　算除法不費力

這是將蛋糕切成 8 等分的方法之一。首先，從上面切兩刀。

這樣會將蛋糕分 4 塊。然後，從蛋糕側面的中間切開，這樣就有 8 塊同等分蛋糕！

1 快速除以 5（以及 0.5、50、500）

1. $32 \div 5 = 32 \times 2 \div 10 = 6.4$

2. $231 \div 50 = 231 \times 2 \div 100 = 4.62$

3. $4,200 \div 500 =$

   $4,200 \times 2 \div 1,000 = 8.4$

2 如何使用番茄鐘工作法？（以 25 為單位）

1. $112 \div 25 = 112 \times 4 \div 100 = 4.48$

2. $1 \div 2.5 = 1 \times 4 \div 10 = 0.4$

3. $90 \div 250 = 90 \times 4 \div 1,000 = 0.36$

3 用 1.25 倍速播放影片，可以省多少時間？

1. $100 \div 125 =$

   $100 \times 8 \div 1,000 = 0.8$

2. $25 \div 0.125 = 25 \times 8 \div 1 = 200$

3. $30 \div 12.5 = 30 \times 8 \div 100 = 2.4$

4 長除法總是卡關？試試新方法

1. $82 \div 15 = 5$ 餘 7

2. $723 \div 80 = 9$ 餘 3

3. $850 \div 110 = 7$ 餘 80

5 預測一個數字能否被 2 至 10 整除

1. 78 能被 2、3、6 整除。

2. 864 能被 2、3、4、6、8、9 整除。

3. 5,040 能被 2、3、4、5、6、7、8、9、10 整除。

第5章　算百分比的訣竅

1 反轉百分比：乘法的交換率

1. 200 的 23% =

   23 的 200% $= 2 \times 23 = 46$

2. 20 的 15% =

   15 的 20% $= 15 \div 5 = 3$

3. 75 的 12% =

   12 的 75% $= 3/4 \times 12 = 9$

2 有 0 的百分比，一步驟就有解

1. 20 的 90% $= 9 \times 2 = 18$

2. 500 的 30% $= 3 \times 5 \times 10 = 150$

3. 8 的 80% $= 8 \times 8 \div 10 = 6.4$

3 分割計算，複雜變簡單

1. 48 的 25% $= 12$（挑戰拆解 25% $= 10\% + 10\% + 5\%$ 計算）

2. 60 的 31%=18.6（挑戰拆解
   31%＝10%＋10%＋10%＋1%
   計算）

3. 50 的 19%＝ 9.5（挑戰拆解
   19%＝ 20%-1% 計算）

4 把文字描述寫成數學算式

1. 75 的 40% 是多少？

   75×40%＝ ？

   ？ ＝30

2. 20 是 50 的百分之多少？

   20＝50× ？ %

   ？ ＝40%

3. 20 的 70% 是多少？

   20×70%＝ ？

   ？ ＝14

第6章　進階技巧：平方、立方和開根號

1 快速計算 1～99 平方

1. 13^2＝169

2. 32^2＝1,024

3. 72^2＝5,184

2 心算 999 平方，驚呆！

1. 111^2＝12,321

2. 132^2＝17,424

3. 541^2＝292,681

3 3 秒算出個位數為 5 的兩位數
   平方

1. 25^2＝625

2. 55^2＝3,025

3. 95^2＝9,025

4 投資 3 年能賺多少？

1. 11^3＝1,331

2. 17^3＝4,913

3. 32^3＝32,768

5 估算平方根的近似值

1. $\sqrt{10}$≈3 1/6≈3.167

2. $\sqrt{52}$≈7 3/14≈7.214

3. $\sqrt{93}$≈9 12/18≈9 2/3≈9.667

6 $\sqrt{6,724}$，我能心算

1. $\sqrt{169}$＝13

2. $\sqrt{1,521}$＝39

3. $\sqrt{9,216}$＝96

7 6位數立方根，就像變魔術

1. 1,331 的立方根 =11

2. 148,877 的立方根 =53

3. 912,673 的立方根 =97

第7章　生活中可運用的速算數學

1 哪個分數比較大？

1. 2/3

2. 11/13

3. 14/20

3 投資翻倍的72法則

1. 72÷36=2（年）

2. 72÷12（年）=6%

4 翻倍不夠，讓錢變成三倍才過癮！

1. 115÷23=5（年）

2. 先求報酬率：72÷14.4（年）=5%（年報酬率）

接著算增加為三倍需要多少年：115÷5=23（年）

5 穿越時空，抵達的那天是星期幾？

1. 1776 年 7 月 4 日 星期四

2. 1879 年 3 月 14 日星期五

3. 1969 年 7 月 20 日星期日

6 如何識別假信用卡？

1. 4245 3102 6713 1134=60 →真的

2. 3421 1589 4001 3897=77 →假的

3. 5133 4857 4363 1949=80 →真的

國家圖書館出版品預行編目（CIP）資料

超實用速算技巧：開會、比價、聊投資、盤算事情，
你反應最快！190萬粉絲破億次觀看她解數學！
不用計算機照樣心裡有數。／譚雅・扎克維奇
（Tanya Zakowich）著；曾秀鈴譯. -- 初版. -- 臺北市：
任性出版有限公司，2024.05

272面；14.8×21公分. --（issue；61）
譯自：50 Math Tricks That Will Change Your Life:
Mentally Solve the Impossible in Seconds
ISBN 978-626-7182-72-7（平裝）

1.CST：速算

311.16   113000736

issue 61

超實用速算技巧

開會、比價、聊投資、盤算事情，你反應最快！190 萬粉絲破億次觀看她解數學！
不用計算機照樣心裡有數。

作　　者／譚雅‧扎克維奇（Tanya Zakowich）
譯　　者／曾秀鈴
責任編輯／連珮祺
副 主 編／馬祥芬
副總編輯／顏惠君
總 編 輯／吳依瑋
發 行 人／徐仲秋
會計助理／李秀娟
會　　計／許鳳雪
版權主任／劉宗德
版權經理／郝麗珍
行銷企劃／徐千晴
業務專員／馬絮盈、留婉茹
行銷、業務與網路書店總監／林裕安
總 經 理／陳絜吾

出 版 者／任性出版有限公司
營運統籌／大是文化有限公司
　　　　　臺北市 110 衡陽路 7 號 8 樓
　　　　　編輯部電話：（02）2375-7911
　　　　　購書相關資訊請洽：（02）2375-7911 分機 122
　　　　　24 小時讀者服務傳真：（02）2375-6999
　　　　　讀者服務 E-mail：dscsms28@gmail.com
　　　　　郵政劃撥帳號：19983366　戶名：大是文化有限公司

法律顧問／永然聯合法律事務所
香港發行／豐達出版發行有限公司
　　　　　Rich Publishing & Distribution Ltd
　　　　　香港柴灣永泰道 70 號柴灣工業城第 2 期 1805 室
　　　　　Unit 1805, Ph.2, Chai Wan Ind City, 70 Wing Tai Rd, Chai Wan, Hong Kong
　　　　　Tel：2172-6513　Fax：2172-4355
　　　　　E-mail：cary@subseasy.com.hk

封面設計、內頁排版／孫永芳　　印刷／鴻霖印刷傳媒股份有限公司
出版日期／2024 年 5 月初版
定　　價／新臺幣 420 元（缺頁或裝訂錯誤的書，請寄回更換）
IBSN ／ 978-626-7182-72-7（平裝）
電子書 ISBN ／ 9786267182703（PDF）
　　　　　　　 9786267182710（EPUB）